Hans Ruegg

Matemática divina

Este libro acompaña la serie

Matemática activa

para familias educadoras

y escuelas alternativas

Se ofrecen los siguientes libros de "Matemática Activa ...":

Pre-Matemática (4 a 6 años aprox.) - con hojas de trabajo incluidos.
Primaria I (6 a 9 años aprox.)
Primaria I, Libro de trabajo
Primaria II (9 a 12 años aprox.)
Primaria II, Libro de trabajo
Secundaria I (12 a 15 años aprox.)
Secundaria II (Pre-universitario)
Matemática Divina (Complemento para educadores)

Primera edición 2018.
© Hans Ruegg 2018 para la obra completa (Texto, gráficos, diagramación y diseño del interior y de la carátula).
Todos los derechos reservados.

ISBN 978-1719014991
Información y contacto por internet para consultas:
http://educacionCristianaAlternativa.wordpress.com/libros-de-matematica-activa/

Unas demostraciones en video de los métodos de la matemática activa se encuentran en los siguientes cursos por internet:
https://eliademy.com/catalog/matematica-activa-para-familias-educadoras.html
https://eliademy.com/catalog/operaciones-basicas-con-regletas-cuisenaire.html

Índice de contenido

Acerca de este libro..**5**

Parte I: Conceptos básicos de la matemática..............................**7**
1. Orden, reglas, y la ley de Dios...8
2. El espacio... 12
3. Relaciones y transformaciones... 16
4. Los números.. 19
5. Operaciones aritméticas..22
6. Pesos y medidas.. 35

Parte II: ¿Cómo enseñar matemática?.......................................**39**
7. Entendiendo a los niños... 39
8. El "trauma matemático"... 45
9. Principios de una matemática activa... 51
10. Virtudes relacionadas con el aprendizaje de la matemática................. 58

Parte III: ¿Qué es la matemática?..**65**
11. La matemática como proceso creativo.. 65
12. La matemática como descubrimiento de un mundo trascendental...... 67
13. La matemática como verdad universal y absoluta................................ 71
14. La matemática como expresión del orden del universo........................ 78
15. La matemática como ciencia de los fundamentos o principios............. 87
16. Lo negociable y lo no negociable en la matemática.............................. 93

Parte IV: Temas diversos..**97**
17. Unos grandes matemáticos y su fe... 97
18. Juegos de construcción... 120
19. Los misterios del infinito.. 124
20. Matemática, armonía y belleza.. 137
21. La matemática y la vida.. 147

Anexo: Bibliografía...**149**

Nota lingüística:

Aprendí el idioma español en un tiempo cuando todavía se daba por sentado que un plural masculino incluye tanto a seres masculinos como femeninos, como es de hecho la regla oficial. Por tanto, para evitar complicaciones del lenguaje y para que nadie se sienta excluido, deseo aclarar desde el inicio que en este libro el plural "niños" incluye también a las niñas; el plural "padres" incluye también a las madres; el plural "educadores" incluye también a las educadoras; el plural "profesores" incluye también a las profesoras; etc; al igual como el plural femenino "personas" incluye también a los varones. Igualmente cuando se usan palabras como "el educador" o "el niño" en un sentido genérico, se incluyen tanto varones como mujeres. Algunas veces he diferenciado cuando me dirijo al lector o la lectora individual; pero por lo general he preferido ahorrarme los(las) "(os)" y "(as)" innecesarios(as), y librarme de malabares tales como: "Las y los educadores(as) buenos(as) son amigos(as) de los niños y las niñas pequeños(as)." Eso no implica menosprecio hacia nadie. La matemática no hace diferencia entre varones y mujeres; es igualmente accesible para todos.

Acerca de este libro

Este libro complementa la serie "Matemática activa para familias educadoras y escuelas alternativas". Sin embargo, es distinto de los otros libros de la serie. Este no es un libro para aprender o enseñar matemática. Es un libro que explora cuestiones filosóficas acerca del trasfondo espiritual de la matemática. Deseo en este libro apuntar a un entendimiento de la matemática que cala más hondo que los teoremas, leyes, propiedades y procedimientos.

Estos temas, por su propia naturaleza, van más allá de lo que se puede declarar o demostrar matemáticamente. Entraremos en algunos temas controvertidos donde existen corrientes de pensamiento muy divergentes. No pretendo abarcar todas esas discusiones. Simplemente deseo echar luz sobre algunas cuestiones desde una perspectiva cristiana-bíblica.

Entiendo con eso: una perspectiva que toma la Biblia en serio como revelación de Dios, y que ve a la matemática no como algo incompatible con la Biblia, sino como una parte de la creación maravillosa de Dios; incluso como una ciencia que en algunos de sus aspectos puede señalar hacia Dios.

Eso no tiene nada que ver con "religión" o "iglesia". No me dejo guiar por una iglesia o por líderes religiosos; me dejo guiar por la revelación de Dios en la Biblia. Así como la matemática no es propiedad de los profesores de matemática (como explicaré en el transcurso del libro), la fe cristiana no es propiedad de los representantes de las iglesias. Dios se deja encontrar por todo el que le busca seriamente. Y para algunos, hasta la matemática puede ser un camino de acceso a Él.

En la Parte I se presentan unas interpretaciones de temas matemáticos sencillos a la luz de la revelación de Dios, similares a las secciones de "Matemática Divina" en los libros de enseñanza de la serie "Matemática Activa".

La Parte II fundamenta los principios y métodos de la matemática activa desde la palabra de Dios, y señala unas consecuencias prácticas.

La Parte III abarca cuestiones de fondo: ¿De dónde se origina la matemática? ¿Cuál es su esencia? ¿Cómo se relaciona la verdad matemática con la verdad de Dios? ¿Qué respuestas existen a las preguntas filosóficas relacionadas con la matemática? Estos asuntos conforman el fundamento intelectual de todo lo demás que se trata en este libro. Esta parte requiere bastante trabajo intelectual para entenderla. Pero como recompensa, usted adquirirá una perspectiva nueva acerca de la matemática, y espero que pueda ver, por lo menos en parte, que la matemática tiene efectivamente unos aspectos "divinos".

La Parte IV contiene aspectos adicionales de la matemática que no encajaron en ninguna de las otras partes.

Este libro se dirige en primer lugar a educadores (padres y profesores), no a especialistas. Por eso, algunos de sus temas profundos se abordan de una manera que puede parecer simplificada o imperfecta a los especialistas en la materia. Desafortunadamente no existe todavía prácticamente ningún material en el idioma español acerca de estos temas en la frontera entre matemática, filosofía, y revelación divina. Lectores interesados, con dominio del inglés, encontrarán un poco de material adicional en la bibliografía al final.

Parte I: Conceptos básicos de la matemática

En esta parte relacionaremos diversos aspectos de la matemática con la revelación de Dios. Encontraremos que diversos principios matemáticos tienen su "reflejo" en la palabra de Dios, y vice versa.

Quizás no se pueden "demostrar" todas estas conexiones de manera irrefutable. La Biblia no es un libro de matemática; no nos enseña directamente principios matemáticos. Eso no es ningún defecto de la Biblia; simplemente es que Dios no necesita revelarnos lo que podemos descubrir con nuestro propio razonamiento.

Tampoco podemos encontrar en la matemática directamente los rasgos del carácter de Dios o los valores bíblicos. Y sin embargo, encontraremos que existen diversas conexiones entre ambos. Algo que sí se puede percibir en la matemática, como en el entero universo creado, para aquellos que tienen ojos para ver, son las características "impersonales" de Dios, "su eterno poder y divinidad" (Romanos 1:20). Este aspecto lo resaltaremos más claramente en el capítulo 10, y en la entera Parte III.

Describo estas conexiones para el beneficio de aquellas personas que desean adquirir y transmitir una cosmovisión bíblica, "divina", acerca de la matemática. Les ayudará a ver que Dios está aun en las operaciones matemáticas más "profanas".

No pretendo con eso convencer a personas que tengan otra cosmovisión. Cada persona saca sus conclusiones a base de su cosmovisión, o sea de sus convicciones más fundamentales. Si alguien eligió el punto de vista de que la matemática y la espiritualidad no pueden ser relacionadas, posiblemente no encontrará sentido en los pensamientos que siguen. Sin embargo, si este es su caso, considere por lo menos la posibilidad de que con un cambio de perspectiva, las cosas se verán diferentes.

Educadores cristianos en cambio, quienes desean enseñar y educar desde la perspectiva de Dios, querrán concientizar a los alumnos de que la matemática se origina en Dios, y describe el orden y la estructura del universo que Dios creó.

Daremos también unas ideas de cómo podemos ilustrar estos principios para los niños que enseñamos.

1. Orden, reglas, y la ley de Dios

Una creación ordenada

Los objetos inanimados del universo creado obedecen exactamente a ciertas leyes matemáticas que los científicos pueden descubrir. Este orden del universo revela que hay un diseño o una "mente ordenadora" detrás de todo. Así lo percibieron los fundadores de la ciencia moderna. *(Vea en el Capítulo 14, "La matemática como expresión del orden del universo".)*

Así testifica también la Biblia:

"Aunque Dios es invisible, desde la creación del mundo él puede percibirse por el entendimiento, por medio de las cosas hechas; y su eterno poder y divinidad pueden percibirse ..." *(Romanos 1:20)*

"Tú afirmaste la tierra, y persevera. Por tu ordenación perseveran (todas las cosas) hasta hoy; porque todas ellas son tus siervos."

(Salmo 119:90-91)

Para Kepler, Newton, y otros científicos de los siglos 16 y 17, el ejemplo más resaltante de este orden fue el sistema solar. Para ellos, el orden matemático del sistema solar fue una confirmación de que el universo efectivamente obedece a las leyes ordenadas por el Creador.

Para los niños de los grados inferiores, el ejemplo del sistema solar es todavía un poco difícil de entender. Pero existen otros ejemplos del orden en la creación de Dios que los niños pueden entender ya a una edad bastante temprana. Estos ejemplos no requieren fórmulas matemáticas, son ejemplos de sencillas clasificaciones:

- La separación entre día y noche, luz y oscuridad (Génesis 1:4-5).

- La separación entre tierra y mar (Génesis 1:9-10).

- La herencia biológica: De un grano de maíz crece nuevamente una planta de maíz; de una gata nacen pequeños gatos, de una oveja nacen pequeñas ovejas, etc. (Génesis 1:11-12, 20-22)

La estructura ordenada del universo nos incentiva a mantener el orden también en el pequeño "universo" de nuestra casa. En el universo creado por Dios, "cada cosa tiene su lugar"; entonces tengámoslo así también en nuestra casa.

Siguiendo las reglas

Gran parte de la matemática consiste en descubrir reglas, y aplicarlas de manera consecuente. En la sociedad actual experimentamos en muchas ocasiones que las reglas no se toman en serio. Por ejemplo, mucha gente piensa que no es necesario obedecer las reglas del tránsito, mientras ningún policía está mirando. Pero en la matemática tenemos que aceptar que las reglas se cumplen *siempre,* aun cuando nadie nos mira.

Igualmente, las leyes de la naturaleza se cumplen siempre. Por ejemplo la ley de la gravedad: Una piedra no puede elegir si quiere caer hacia abajo o no; de todos modos está sujeta a la ley de la gravedad. Y estas leyes de la naturaleza pueden expresarse con fórmulas matemáticas.

De manera similar, Dios estableció también reglas y leyes de cómo debemos actuar nosotros como humanos. Solamente que estas reglas no se expresan en fórmulas matemáticas; se expresan en los mandamientos de Dios en la Biblia. Puesto que no somos objetos inanimados, estos mandamientos se dirigen a nuestra voluntad. No se cumplen automáticamente. Nosotros tenemos que *decidir* cumplirlas.

Dios puso estas reglas no así no más según su antojo. Él sabe cómo funciona el universo entero, y él sabe cómo funcionamos nosotros los humanos. Por eso, él puso las mejores reglas que pueden existir – tanto para el universo como para nosotros. Sus reglas hacen que podamos vivir juntos en paz, y que podamos administrar la creación de la mejor manera, como Dios lo quiere.

En la matemática llegamos a resultados equivocados si desobedecemos las reglas. Y de manera similar, en nuestra vida obtenemos resultados no deseables si desobedecemos las reglas de Dios. Así, la matemática puede enseñarnos la obediencia a las reglas establecidas por Dios.

Una experiencia que ayuda mucho a los niños a aprender eso, es **jugar juegos con reglas.** Los juegos con reglas fijas favorecen el pensamiento matemático, porque la matemática también consiste en aplicar reglas de manera consecuente. Al jugar juegos con reglas, los niños adquieren la clase de disciplina que necesitan para poder resolver operaciones matemáticas correctamente. Al jugar un juego como "Memoria", el niño tiene que acostumbrarse a esperar su turno, y a hacer solamente jugadas permitidas. También en cualquier competencia, por ejemplo en el deporte, se reconoce el esfuerzo solamente de aquellos que hacen caso a las reglas. Por eso dice: "Y si alguien compite como atleta, no es premiado, si no compite según las reglas." (2 Timoteo 2:5).

Un juego se puede jugar bien, mientras todos hacen caso a las reglas. Pero si alguien quebranta las reglas, el juego se desordena, y hay conflictos. Por ejemplo, si en el juego de memoria alguien mira las cartas cubiertas cuando no es su turno, gana una ventaja deshonesta, y el juego ya no es equitativo, y los otros jugadores se molestarán con él. O si alguien voltea dos cartas y después no las deja en su lugar, sino que las pone en cualquier otro lugar, el orden de las cartas estará alterado, y los jugadores ya no podrán recordar dónde estaban las imágenes que ya habían visto.

Así también al convivir entre humanos, cuando la gente quebranta las reglas de Dios, habrá peleas y desorden y muchos problemas. Por eso es bueno para todos, hacer lo que Dios dice.

Los siguientes ejemplos ilustran cómo Dios estableció también en la sociedad humana algunas formas de un orden casi "matemático". Para Dios, el orden es importante:

- Cuando los israelitas caminaban por el desierto con Moisés, su campamento tenía que ser ordenado: cada tribu tenía su lugar asignado donde acampar. (Números capítulos 2 y 3).

- Los israelitas tenían que clasificar los animales, y distinguir entre animales limpios e inmundos, según criterios claramente definidos (Levítico 11).

- En Deuteronomio 32:8 dice que Dios asignó los territorios y las fronteras de las naciones; cada pueblo tiene su país donde vivir. Cuando una nación no respeta el territorio de otra nación, el resultado es una guerra.

- Dios estableció un orden para la familia: para la relación entre esposo y esposa, y para la relación entre padres e hijos (Efesios 6:1-4, Colosenses 3:18-21). Cada parte tiene sus derechos y sus responsabilidades asignados.

En realidad, la comparación que hicimos entre las leyes de Dios y las reglas de un juego es simplificada. Las leyes de Dios no se pueden alterar. Las reglas de un juego sí pueden cambiarse, si hay un acuerdo mutuo. Por ejemplo, en el juego de Memoria, todos los jugadores podrían ponerse de acuerdo antes de comenzar, que permitirán voltear tres cartas en cada turno y no solamente dos. Si todos están de acuerdo, se puede jugar con esta nueva regla.

Muchas de las reglas que observamos en la convivencia diaria entre humanos, son de este tipo: Son "mandamientos humanos", establecidos por hombres (en común acuerdo o por decreto de un gobierno); y por tanto los hombres podrían cambiarlos también.

Entonces, para ser exacto, tenemos que distinguir entre "mandamientos de hombres" (que se pueden cambiar si nos ponemos de acuerdo), y mandamientos de Dios (que no tenemos la autoridad de cambiarlos).

Las reglas de la matemática, en su gran mayoría, son de la misma clase como los mandamientos de Dios: Nadie las puede cambiar a su antojo. No fueron "inventadas" o "decretadas" por ningún humano. Estaban allí siempre, solamente que algún día alguien las descubrió.

Lo que puede cambiarse en la matemática, son las reglas de cómo comunicamos la matemática: notaciones, símbolos, términos técnicos. *(Vea en el Capítulo 16: "Lo negociable y lo no negociable en la matemática".)*

Reglas que no se deben obedecer

Un juego como "Simón dice" introduce un concepto un poco difícil para los niños: que hay instrucciones a las que no se debe obedecer. En el juego hay que obedecer solamente a aquellas instrucciones que comienzan con "Simón dice"; las otras instrucciones deben pasarse por alto.

A las instrucciones de Dios hay que obedecer siempre; pero existen otras instrucciones hechas por hombres a las que no se debe obedecer, porque son erróneas, o porque contradicen lo que Dios ha dicho. Un ejemplo en la Biblia serían los sacerdotes que prohibieron a los apóstoles hablar de Jesús (Hechos 4:17-20).

La matemática obedece a leyes absolutas que son como las instrucciones de Dios: valen siempre. Pero en la matemática escolar encontramos también ciertos conceptos o procedimientos que fueron inventados solamente para dar a los alumnos una manera "mecanizada" de resolver ciertas operaciones. A estos procedimientos no necesitamos obedecer al pie de la letra; y algunos de ellos incluso sugieren conceptos erróneos. (Se señala eso en los lugares correspondientes de los libros de "Matemática Activa".)

2. El espacio

Tres en uno

El espacio provee el marco fundamental dentro del cual se ubica el universo entero. Como seres humanos somos creados de tal manera que ocupamos y percibimos un espacio de tres dimensiones – el ancho, el largo, y lo alto. Sin embargo, el espacio es uno solo; no podemos separarlo en dimensiones separadas. Algunos han dicho que Dios escogió el número de tres dimensiones porque Él mismo es también uno solo, y sin embargo reúne dentro de sí las tres "dimensiones" de Dios Padre, Dios el Hijo (Jesús), y el Espíritu Santo. Estos tres a veces se manifiestan como personas separadas, y sin embargo no se puede realmente separar a uno de ellos de los demás. Así, el espacio sería un reflejo matemático de esta característica particular de Dios, que de otro modo sería muy difícil de imaginarse.

Más que tres dimensiones

Es interesante que en Efesios 3:18 se añade como cuarta dimensión la "profundidad". Eso se podría entender como la dirección negativa de la altura (hacia abajo en vez de arriba); pero pienso que hay un sentido más "profundo" en esta mención de cuatro dimensiones: En Dios existen más dimensiones que solamente las tres que nosotros podemos percibir. Dios es "más grande" que este mundo, no solamente en las tres dimensiones que conocemos, sino también en su *trascendencia*[1] que va mucho más allá de este mundo.

Los científicos sospechan que el espacio de nuestro universo podría ser curvado. Puesto que el espacio ya tiene tres dimensiones, su curvatura necesariamente tiene que darse en una cuarta dimensión. Como analogía podemos ver la curvatura de la superficie de la tierra: A primera vista, la superficie de la tierra parece plana – o sea, un "espacio" de sólo dos dimensiones, ancho y largo. Solamente si observamos una parte muy grande de la superficie de la tierra, podemos darnos cuenta de que está curvada hacia arriba o afuera – o sea, en la tercera dimensión. Algo similar sucede con el espacio del universo: Nos parece ser un espacio "recto" de tres dimensiones; pero al observar espacios muy, muy grandes, aparecen ciertos fenómenos que sugieren que pueden existir distorsiones o curvaturas – en una cuarta dimensión. Solamente que eso ya no podemos imaginarnos o percibir con nuestros sentidos, porque como humanos somos seres tridimensionales, limitados a las tres dimensiones que conocemos. Pero Dios

---

1) "Trascendencia" significa "el más allá"; o sea, lo que está más allá del mundo material; lo que no podemos percibir con nuestros sentidos, ni explorar con observaciones y mediciones científicas.

2. El espacio

puede haber creado muchas dimensiones adicionales que no son accesibles para nosotros.

En 1884, el escritor inglés Edwin A. Abbot escribió una novela titulada "Flatland" ("País plano"). Esta novela tiene lugar en un mundo plano de dos dimensiones, donde viven unas figuras geométricas que conocen solamente estas dos dimensiones. El personaje principal, un cuadrado, recibe un día una visita sorpresiva de un cuerpo tridimensional: una esfera. Pero el cuadrado, como un ser plano, puede percibir solamente la intersección de la esfera con el plano donde él mismo vive, o sea, un círculo.

La esfera viene desde arriba, desde afuera del plano, y empieza a traspasar el plano poco a poco. (Podemos imaginarnos el plano como una superficie de agua tranquila, entonces la esfera empieza a sumergirse poco a poco en el agua.) Ante los ojos del cuadrado, eso tiene el efecto de que un pequeño círculo aparece de la nada – cuando la esfera acaba de tocar el plano con un extremo –, y se agranda poco a poco, hasta que el plano pasa por la mitad de la esfera, y entonces el círculo tiene su tamaño máximo.

Ante los ojos de la esfera, por el otro lado, el entero "país plano" está visible desde el espacio – no solamente el exterior de las casas o de sus habitantes (su periferia), sino también su interior. Puede ver lo que hay dentro de los ambientes cerrados; y puede incluso ver los órganos internos de las personas.

En la novela, la esfera intenta explicar al cuadrado en qué consiste la tercera dimensión. Pero el cuadrado no puede entenderlo, porque no tiene ninguna posibilidad de experimentar o tan sólo imaginarse una tercera dimensión. Aun si la esfera se encuentra directamente encima del cuadrado (en la tercera dimensión), el cuadrado no puede ver nada de ella, porque se encuentra afuera de su plano.

La misma relación existe entre nuestro espacio tridimensional y la cuarta dimensión. Si Dios (o algún ser de cuatro dimensiones) mira nuestro espacio desde la cuarta dimensión, puede ver abiertamente todo lo que hay aquí – aun nuestro interior; y el interior de la tierra; "y nada creado es invisible ante él, sino que todo está desnudo y descubierto a sus ojos, al cual debemos rendir cuentas." (Hebreos 4:13)

Nosotros, en cambio, nunca podremos ver a un ser de cuatro dimensiones completamente, tal como es; siempre veremos solamente una intersección parcial con nuestro mundo tridimensional. Y si este ser se encuentra fuera del mundo tridimensional – aunque a una distancia de menos de un milímetro en la cuarta dimensión –, no podríamos verlo en absoluto.

Los matemáticos calculan teóricamente con espacios de tantas dimensiones como uno quiere, sin preocuparse por si tales espacios pueden existir o no, y si podríamos percibirlos o no. Pero esa idea de los espacios de muchas dimensiones puede darnos una idea de la trascendencia de Dios.

Encontrar un camino

La Biblia usa a menudo la orientación en el espacio como una comparación con las decisiones que enfrentamos en la vida: "Saber el camino" o "elegir el camino correcto" significa tener sabiduría para elegir lo bueno, vivir de la manera correcta, como Dios quiere. Así dice por ejemplo en Isaías 30:21: "Entonces tus oídos oirán a tus espaldas una palabra que diga: Este es el camino, anden por él; y no echen a la mano derecha, ni tampoco se volteen a la mano izquierda." – Y en Isaías 35:8, acerca del reino del Mesías: "Y habrá allí calzada y camino, y será llamado Camino de Santidad; no pasará por él ningún inmundo; y habrá para ellos en él quien los acompañe, de tal manera que los insensatos no yerren." – Los primeros cristianos se llamaban "los que son del Camino".

"Sígueme"

En algunos juegos de niños se trata de seguir un camino, o de seguir a una persona. Eso nos hace recordar el llamado de Jesús a Sus discípulos: "¡Sígueme!" Ellos seguían literalmente a Jesús en Sus caminatas por la tierra de Israel. Pero también le seguían en un sentido figurativo: seguían el ejemplo de Su manera de vivir.

La matemática requiere en muchas situaciones "seguir un ejemplo". Muchos principios matemáticos pueden entenderse desde ejemplos muy sencillos, pero después hay que saber aplicarlos de manera consecuente a situaciones más complejas.

Cuando jugamos juegos como "¡Sígueme!", o al buscar el camino en un laberinto (lo cual es también un problema matemático), recordemos que Jesús es quien nos muestra el camino y nos da el ejemplo.

Figuras geométricas

En la Biblia casi no aparecen las figuras geométricas, excepto en el contexto de obras de construcción (por ejemplo Ezequiel 40 a 42). De hecho, en la naturaleza casi no se encuentran las figuras geométricas sencillas. Si en un paisaje aparece una figura regular como por ejemplo un rectángulo, un círculo, o tan solamente una línea recta de una longitud considerable, es casi seguro que se trata de una obra humana: un muro, un canal, los límites de un campo sembrado, etc.

Eso no es porque la creación de Dios fuera imperfecta, al contrario: Es porque la creación de Dios es *mucho más compleja* que las figuras geométricas básicas. Estas son solamente abstracciones simplificadas de las figuras mucho más elaboradas y detalladas que Dios usó en la creación. Es mucho más sencillo dibujar un triángulo, que dibujar la forma exacta de un árbol o de un cerro. Es mucho más sencillo calcular el área de un rectángulo, que el área del Lago Titicaca. Una cordillera que consistiría solamente en pirámides o conos regulares, sería aburrida; pero Dios creó cada cerro con una forma distinta. Las formas reales de la naturaleza con su gran complejidad nos llevan a admirar la grandeza y creatividad del Creador.

La simetría: Reflejando la luz de Jesús

Las propiedades de la simetría axial se pueden explorar observando figuras y su reflejo en un espejo. El espejo funciona reflejando la luz que cae sobre él.

Jesús dijo: "Yo soy la luz del mundo" (Juan 8:12). También dijo a sus amigos: "Ustedes son la luz del mundo" (Mateo 5:14). Si tú amas a Jesús, poco a poco te vas a parecer más a Él. Si haces lo que Él te dice, vas a ser como un espejo que refleja la luz de Jesús: Si haces lo bueno, las otras personas van a ver en ti lo bueno que es Jesús. (Lee también 2 Corintios 3:18.)

En la matemática se dice que una figura reflejada en espejo es *congruente* a la figura original. Si confiamos en Jesús, él puede hacer este milagro de que nuestra vida sea más y más congruente con la vida de él.

3. Relaciones y transformaciones

Relaciones

Un aspecto del pensamiento matemático tiene que ver con la manera como los objetos se relacionan entre sí. Mientras la *clasificación* se ocupa de ubicar un objeto específico respecto a criterios generales, la *relación* se ocupa de ubicar el objeto respecto a otro objeto específico.

Podemos definir una gran variedad de relaciones. Muchas de ellas consisten en *comparar* dos objetos entre sí: ¿Cuál es más grande? – ¿Cuál pesa más? – De allí podemos llegar a pares de contrarios como "grande-pequeño", "duro-blando", "frío-caliente", etc. – Un caso especial de comparación es la *identidad*, cuando resulta que un objeto es igual al otro.

Otra clase de relación es el *complemento*: Ciertos objetos necesitan a otro para estar "completos". La cerradura necesita una llave, la olla necesita una tapa, la aguja necesita un hilo, etc.

Otra relación importante es la que existe entre *el entero y sus partes*: La rueda es una parte del automóvil, la puerta es una parte de la casa, etc.

Ya a una edad bastante temprana, los niños pueden entender relaciones como estas. Más adelante, el concepto de "relación" nos llevará a temas matemáticos como la teoría de las operaciones, de las funciones y de los grupos. Pero veamos algunos aspectos de las relaciones sencillas que se conectan con principios espirituales:

Parentesco

Las relaciones de familia y de parentesco son la estructura fundamental de la sociedad humana, creada por Dios desde el principio. Para un niño es importante saber adónde pertenece: "Estos son mis papás, estos son mis hermanos, ..." La estructura de parentesco provee este sentido de pertenencia.

A la vez provee una ilustración o un reflejo de diversas relaciones que volvemos a encontrar en la matemática: La relación de "pertenencia" en los conjuntos, la estructura de árbol, y otras.

3. Relaciones y transformaciones   17

Mayor - menor

La Biblia nos dice que Dios es el más grande, y que todo lo demás es como nada en comparación con Él (Isaías 40:17-18). Dios es mayor que todo lo que nos podemos imaginar.

Por el otro lado, entre los hombres, "más grande" no siempre es "mejor". El rey Saúl era más alto que todos los otros israelitas, pero era cobarde. (1 Samuel 10:21-24, 17:11) David era más pequeño que Goliat, pero no tuvo miedo y le venció (1 Samuel 17:26-50).

Discernir y distinguir

Al formar conjuntos, tenemos que distinguir de cada elemento si "pertenece" o "no pertenece" al conjunto. Eso no es ningún juicio de valor; es simplemente la aplicación de los criterios que hemos establecido para formar el conjunto.

Pero es esta misma capacidad de distinguir, la que se requiere también para distinguir entre el bien y el mal. Hebreos 5:14 describe a los maduros seguidores de Dios como "los que por medio de la práctica tienen los sentidos entrenados para distinguir entre lo bueno y lo malo." Esta capacidad de discernir no viene al seguir a un líder o a las costumbres de una iglesia. Viene al aplicar conscientemente los criterios que Dios mismo nos ha dado en Su palabra, para distinguir entre lo bueno y lo malo. Y eso es lo mismo como lo que hacemos en la matemática, cuando aplicamos los criterios de si un elemento "pertenece" o "no pertenece" a un conjunto. Elijamos aquellas decisiones y acciones que pertenecen al conjunto de lo bueno.

Funciones

Una función relaciona cada valor de "entrada" con un valor de "salida", según una regla específica. Por ejemplo, una función sencilla es "el triple". Si la "entrada" es 2, la "salida" es 6, porque 6 es el triple de 2. De la misma manera, esta función relaciona el 3 con el 9, el 4 con el 12, etc.

Algunas promesas y advertencias de Dios son formuladas como funciones: relacionan ciertas acciones de los hombres con ciertas consecuencias de parte de Dios. Un ejemplo muy tajante es el capítulo 28 de Deuteronomio:
"... si oyes diligentemente la voz del Señor tu Dios, para guardar y para poner por obra todos sus mandamientos que yo te prescribo hoy, también el Señor tu Dios te pondrá alto sobre todas las naciones de la tierra; y vendrán sobre ti todas estas bendiciones, y te alcanzarán ..." – Y siguen muchas promesas de bienestar, de salud, de victoria. – Después dice: "Y será, si no oyes la voz del Señor tu Dios, para

cuidar de poner por obra todos sus mandamientos y sus estatutos, que yo te intimo hoy, que vendrán sobre ti todas estas maldiciones, y te alcanzarán..."
O sea, existe una "función" divina que relaciona la obediencia hacia los mandamientos de Dios con bendiciones, y la desobediencia hacia Sus mandamientos con maldiciones.

Otro ejemplo encontramos en Marcos 16:16: "El que cree y es bautizado, será salvo; pero el que no cree, será condenado." Aquí vemos que el destino eterno del hombre es *en función de* la posición que asume hacia Jesucristo. (Otros pasajes como Lucas 24:47 y Hechos 2:38 aclaran que el "creer" incluye como condición necesaria el *arrepentimiento*.)

Juegos de estrategia y razonamiento

Juegos como Damas, Ajedrez, y similares, son también estructuras matemáticas. Estos juegos entrenan la capacidad de hacer decisiones acertadas, lo cual es un aspecto de lo que la Biblia llama "sabiduría". En los proverbios de Salomón, la sabiduría dice:

"Conmigo está el consejo y el buen juicio; yo soy la inteligencia; mío es el poder.
Por mí reinan los reyes, y los príncipes determinan justicia.
Por mí dominan los príncipes, y todos los gobernadores juzgan la tierra."

(Proverbios 8:14-16)

4. Los números

Los números aparecen ya en la primera página de la Biblia, donde Dios cuenta los días de la creación. Aparentemente, los números y el conteo son importantes para Dios. Más adelante hay muchas oportunidades donde Dios manda contar días, años, personas, animales, etc.

Por ejemplo, la genealogía en Génesis 5 relata detalladamente el tiempo de vida de las personas, y la edad cuando tuvieron sus hijos.
Jacob tuvo que contar el ganado de sus rebaños para enviar cierto número de ellos como regalo de reconciliación a su hermano Esaú (Génesis 32:13-15).
Dios mandó contar los días de la semana para saber cuándo era el día de reposo (Éxodo 20:9-10).
A Moisés mandó Dios tomar un censo de todo Israel (Números 1).
El pastor en la parábola tuvo que contar sus 100 ovejas (Mateo 18:10-14). La única oveja que faltaba del número completo, fue importante. Hay situaciones donde es importante que un número sea exacto.

Para los niños pequeños, a veces es una razón de admiración cuando alguien sabe contar hasta un número "muy grande" (por ejemplo hasta cien o hasta mil). Les interesará saber que Dios ha contado absolutamente todo lo que existe en el universo, hasta el polvo de la tierra (Génesis 13:16), las estrellas en el cielo (Génesis 15:5), y los cabellos de nuestra cabeza (Lucas 12:7).

Significado simbólico de algunos números en la Biblia

Algunos números aparecen en la Biblia en contextos específicos, donde, aparte de su valor numérico, tienen también un significado simbólico. Este significado simbólico no está relacionado con las propiedades matemáticas de los números. No debemos sacar conclusiones demasiado elaboradas de este simbolismo; sin embargo puede ser interesante mencionar unos ejemplos:

0. Al inicio de la creación no había nada. Cero animales, cero plantas, cero personas, cero estrellas, cero granos de arena, cero gotas de agua ... Solamente Dios estaba allí; hasta que Dios empezó a crear cosas.

3. El 3 es "el número de Dios". A Abraham apareció Dios en forma de tres varones (Génesis 18). Tres veces negó Pedro a Jesús, y tres veces recibió la oportunidad de decirle nuevamente "Te amo" (Juan 21:15-19). Al tercer día resucitó Jesús de los muertos. Jesús encargó a los discípulos a bautizar en el nombre de la Trinidad (Dios Padre, Dios Hijo, y Dios el Espíritu Santo) – Mateo 28:19.
El número 3 aparece también en algunos aspectos de la estructura de nuestro universo conocido, como creación y reflejo de Dios: El espacio tiene tres dimensiones (largo, ancho, y altura). La materia puede tener tres estados (sólido, líquido, gaseoso).

6. El número 6 tiene un significado especial en la Biblia, porque en seis días creó Dios el cielo y la tierra. El séptimo día descansó, y de allí viene nuestra semana de siete días. (Vea Éxodo 20:9-11.) – Las otras medidas de tiempo tienen una base astronómica: Un día es el tiempo en el cual la tierra gira alrededor de su propio eje. Un mes es el tiempo (aproximado) de una luna nueva a la siguiente. Un año es el tiempo en el cual la tierra orbita alrededor del sol. Según Génesis 1:14, Dios creó el sol, la luna y las estrellas para medir el tiempo. Pero la semana de siete días no se basa en los movimientos de los astros; se basa en la revelación directa de Dios acerca de los días de la creación.

Los niños que están aprendiendo los primeros números pueden hacer seis dibujos, uno de cada día de la creación, y escribir en cada uno el número correspondiente.

7. El número 7 a menudo indica que algo está completo o acabado perfectamente. Los 7 días de la semana nos hacen recordar la creación acabada y perfecta de Dios. En Egipto hubo 7 años de abundancia y 7 años de hambre, para que se cumpliese perfectamente el plan de Dios para José y su familia (Génesis 41). Los israelitas tuvieron que caminar por 7 días alrededor de Jericó, y en el séptimo día tuvieron que dar 7 vueltas (Josué 6). Naamán tuvo que bañarse 7 veces en el Jordán para ser sanado (2 Reyes 5). El Espíritu Santo tiene 7 atributos (Isaías 11:2, Zacarías 3:9, 4:10, Apocalipsis 4:5). El libro de Apocalipsis se dirige a 7 iglesias. En este mismo libro, los juicios de Dios ocurren en grupos de 7.

10. El 10 aparece en la parábola de las 10 vírgenes (Mateo 25:1-13), y en la sanación de los 10 leprosos (Lucas 17:11-19). Aquí el 10 representa la humanidad. Probablemente se le dio este uso al número 10 porque tenemos 10 dedos, y por eso desde los tiempos más antiguos, los hombres calculaban en el sistema decimal. (Así también en la cultura hebrea.)

En ambas historias mencionadas, al final queda la pregunta: ¿A cuál parte de la humanidad perteneces tú? ¿Eres como las cinco vírgenes sabias, o como las cinco vírgenes insensatas? – ¿Eres como el hombre agradecido, o como los nueve que también recibieron los beneficios de Dios, pero no le honraron y no le dieron gracias?

El mismo significado del 10 podemos ver en los 10 cuernos de la "bestia" en Daniel 7 y Apocalipsis 13 y 17.

El 10 aparece también en otros contextos con otro significado; por ejemplo en las 10 plagas en Egipto, y después en los 10 mandamientos.

12. El 12 es simbólico del pueblo de Dios. Israel se compone de 12 tribus, los descendientes de los 12 hijos de Jacob. Según este ejemplo, Jesús llamó a 12 apóstoles. El número de los "sellados" en Apocalipsis 7:4-8 se indica con 144'000 (= 12 x 12 x 1000). El 12 y sus múltiplos aparecen también repetidas veces en la nueva Jerusalén, la morada eterna del pueblo de Dios (Apocalipsis 21:12-17, 22:2).

40. El 40 indica en diversos contextos un período de ser probado por Dios, o de juicio: En el diluvio llovió 40 días y 40 noches (Génesis 7:12). Moisés tuvo que pasar 40 años en el desierto, antes de recibir el llamado de Dios (Hechos 7:30). Los

4. Los números

israelitas tuvieron que quedarse 40 años en el desierto por su falta de fe (Números 14:33-34). Goliat desafió a los israelitas durante 40 días (1 Samuel 17:16). Elías tuvo que caminar 40 días y 40 noches hasta llegar al monte Horeb (1 Reyes 19:8). Jesús pasó 40 días en el desierto para ser tentado (Mateo 4:1-2 y paralelas).

Otro significado del 40 podemos ver en los gobiernos de los primeros reyes: Saúl, David y Salomón gobernaron cada uno 40 años. Varios reyes posteriores también gobernaron 40 años.

La trascendencia de los números

Los números y los resultados de las operaciones aritméticas son siempre los mismos, *independientemente del tipo de objeto con el cual se realizan*. 2 papas más 4 papas son 6 papas; 2 platos más 4 platos son 6 platos, 2 piedritas más 4 piedritas son 6 piedritas. 2 más 4 siempre da 6. O sea, el *número* (y el principio de la suma) es independiente de las otras cualidades de los objetos tales como forma, tamaño, color, etc.

Eso nos puede parecer obvio, pero tiene implicaciones más profundas. Los números tienen una existencia propia, independiente de los objetos visibles. En eso se asemejan a las leyes y los decretos de Dios. Este descubrimiento puede conducir al primer encuentro de un niño con la trascendencia *(vea Capítulo 12)*.

5. Operaciones aritméticas

Las operaciones aritméticas no se definen explícitamente en la Biblia. Eso sería innecesario; porque la aritmética es algo que el hombre puede construir con su propia mente, para eso no hay necesidad de una revelación especial de Dios.

Pero la Biblia relata muchas *aplicaciones prácticas* de las operaciones aritméticas. Así confirma su utilidad y validez. Algunos ejemplos:

La *suma* se aplicó en el censo de Israel, para calcular la población total a partir de los datos de las tribus individuales. (Números cap.1 y 2, y cap.26.)

Dios añadió (sumó) 15 años adicionales a la vida del rey Ezequías (2 Reyes 20:6).

En el día de Pentecostés fueron añadidos (sumados) 3000 personas al número de los discípulos. (Hechos 2:41)

Dios nos advierte a *no añadir ni quitar nada* de Sus palabras proféticas (Apocalipsis 22:18-19). Sabemos que en una igualdad no se puede sumar ni restar nada unilateralmente (por un solo lado de la ecuación), porque se invalidaría la igualdad.

La *multiplicación* está inherente en la procreación de los seres vivos (Génesis 1:22.28). En el Nuevo Testamento vemos lo mismo en el número de los discípulos (Hechos 6:7, 9:31).

La *división* se aplica en cada oportunidad donde se trata de repartir algo por partes iguales. Podemos mencionar como ejemplo la repartición de la tierra por Josué, mencionada muchas veces en el libro de Josué. En el Salmo 78:55 dice que las tierras se repartieron "con cuerdas". Eso se refiere muy probablemente a las cuerdas para medir: Las tierras debían medirse para repartirlas de manera exacta y justa.

Las *fracciones* se aplicaban, por ejemplo, en la ley de que un ladrón debía restituir lo robado, y añadirle $1/5$ del valor (Levítico 5:16, 22:14).

Las fracciones se aplicaron también en la ley del diezmo ($1/10$) del Antiguo Testamento. Esta ley tiene un fundamento matemático interesante, que se basa en el hecho de que el pueblo de Israel consistía en 12 tribus. 11 tribus tenían que dar sus diezmos a la tribu de los levitas, entonces un levita recibía en promedio $11/10$ de un ingreso promedio. Pero los levitas a su vez tenían que entregar sus diezmos a los sacerdotes. Entonces les quedaban $\frac{11}{10} - \frac{11}{10} \cdot \frac{1}{10} = \frac{99}{100}$, lo que equivale casi exactamente a un entero. O sea, este sistema aseguraba que los levitas podían vivir al mismo nivel de vida como las otras tribus.

Aquí vemos a la vez que es un anacronismo, querer aplicar esta ley de la antigua Israel al pueblo de Dios del Nuevo Testamento. En el orden del Nuevo Testamento ya no existen 12 tribus, ni templo en el cual servirían "levitas", de manera que ese fundamento matemático ya no tiene aplicación. La regla del Nuevo Testamento es que "la abundancia de ustedes sea para (aliviar) la escasez de ellos", y "Cada uno (dé) como decidió de antemano en su corazón" (2 Corintios 8:14, 9:7). O sea, se da generosa y voluntariamente a aquellos que tienen escasez.

No solamente en Israel, también en otras naciones desde tiempos muy antiguos se fijaban los montos de impuestos y multas como una fracción de los ingresos o pertenencias de las personas. Eso es más justo que determinar un monto fijo, porque el monto fijo sería una carga excesiva para los pobres, pero insignificante para los ricos.

- La aritmética es también necesaria en muchas situaciones que ocurren a raíz de nuestra responsabilidad de administrar la creación de Dios (Génesis 2:15), sin que eso tenga que mencionarse explícitamente: Al sembrar y cosechar, al alimentar el ganado, al comprar y vender, al construir una casa, al hacer un viaje: todas estas situaciones, y muchas otras, requieren hacer cálculos.

A continuación elaboraremos un poco más acerca de algunos aspectos de las operaciones aritméticas.

Restas buenas

Normalmente no nos gusta perder algo, o que nos quiten algo. Así que la operación de restar nos puede parecer desagradable. Pero el restar o disminuir puede ser algo bueno:

El Señor Jesús dijo: "Es más feliz dar que recibir." (Hechos 20:35.) Cuando haces un regalo a alguien, estás restando de lo que tienes; pero estás haciendo algo muy bueno.

Juan el bautista fue una persona muy famosa. Pero cuando vino Jesús, él se hizo más famoso que Juan. Entonces los amigos de Juan se molestaron y le dijeron: "Mira, ahora todo el mundo le sigue a Jesús y ya no a ti." Pero Juan respondió: "Él tiene que crecer, pero yo tengo que disminuir." (Juan 3:30.) Juan sabía que Jesús era mucho más importante que él. Es algo bueno, restar algo de la propia importancia y darla a quien realmente corresponde.

Acerca de Jesús mismo dice: "Ustedes conocen el favor de nuestro Señor Jesús, el Cristo, que fue rico, pero por ustedes se hizo pobre, para que ustedes se vuelvan ricos por la pobreza de él." (2 Corintios 8:9) Cuando Él estuvo en la tierra, sufrió muchas veces la operación de la resta: Jesús permitió que le quitaran todo lo que tenía, hasta su propia vida. Eso fue lo más importante que Él hizo: Dio su vida para que nosotros recibiéramos una vida nueva en Dios.

Y Jesús enseñó a sus amigos a vivir de la misma manera. Él no lo aprueba si alguien usa el nombre de Dios para enriquecerse a sí mismo, o para gobernar sobre otros. Él enseñó a sus amigos a disminuir, para que otros puedan crecer.

Si has hecho algo malo, ¡aplica la operación inversa!

En la matemática, cada operación tiene su operación inversa que anula la operación original. Una suma anula una resta, y vice versa. Una división anula una multiplicación, y vice versa. Jesús vino para aplicar la operación inversa a todas las operaciones que el diablo hizo en este mundo: "Para esto apareció el Hijo de Dios, para disolver (o: desatar) las obras del diablo." (1 Juan 3:8). Nosotros también, cuando nos damos cuenta de que hemos hecho algo malo, podemos anularlo haciendo lo contrario:

Si has quitado algo a alguien, devuélveselo.
Si has hablado una mentira, habla en su lugar la verdad.
En vez de lastimar, consuela.
En vez de hacer daño, ayuda.
En vez de herir, cura.

"No te dejes vencer por el mal, sino vence el mal con el bien." (Pablo a los romanos, 12:21)

Si caminaste en la dirección equivocada, ¡regresa!

La palabra hebrea para "arrepentirse" significa literalmente "volver" o "regresar". Si has tomado un camino equivocado, puedes volver sobre tus pasos hasta llegar nuevamente al camino correcto.

Así como la resta anula la suma correspondiente, el arrepentimiento anula el mal en tu vida. Si robaste algo, arrepentirse significa regresar y devolverlo. Si evadiste un trabajo, arrepentirse significa volver y hacer lo que es tu deber. Si has dañado o tratado mal a una persona, arrepentirse significa volver a esa persona, disculparte y arreglar el daño que causaste.

Si te das cuenta de que estás en el camino equivocado, sería insensato seguir adelante. Haz el viaje "de vuelta" hasta el punto donde dejaste el buen camino.

Para los grandes es lo mismo como para los pequeños

"Dios no hace acepción de personas". (Deuteronomio 10:17, Hechos 10:34, y otros.) Esto significa que Dios trata a todos según los mismos principios, sean ricos o pobres, gente sencilla o con muchos estudios, blancos o negros, jóvenes o ancianos, ... las leyes de Dios valen igual para todos.

Eso mismo sucede en la matemática. Las leyes de la matemática valen igual para todos los números, sean números grandes o pequeños. Por eso podemos hacer con los números grandes exactamente las mismas operaciones como con los números pequeños. En la matemática también, "no hay acepción de personas".

Interpretación espiritual de las leyes de los signos

La creación original de Dios fue "muy buena" (Génesis 1:31). Podemos decir que tenía "signo positivo". Pero llegó el momento en que el hombre, por una decisión de su propia voluntad, decidió dar la espalda a Dios y caminar en la dirección opuesta. Así que el hombre y todos sus descendientes adquirieron el "signo negativo". "Como por un solo hombre entró el pecado al mundo, y con el pecado la muerte, así también pasó la muerte a todos los hombres, en tanto que todos pecaron." (Romanos 5:12)

Ahora ya no es posible al hombre, "cambiar de signo" por voluntad propia. Desde que nace, se encuentra por el lado negativo de la recta numérica, y está programado para seguir caminando hacia lo más negativo. Tampoco es posible que un hombre redima a otro: Si se suman dos números con signo negativo, el resultado es aun más negativo. Una persona endeudada ante Dios no puede pagar la deuda de otra persona: las dos deudas juntas resultan en una deuda mayor.

En esta situación imposible de resolver por el hombre, Dios envió a Su Hijo al mundo. El Hijo de Dios nunca pecó: mantuvo su "signo positivo". Además, por ser Hijo de Dios, corresponde a un nivel superior a nosotros los humanos. Podemos decir que Jesús tuvo una "calidad multiplicativa" en vez de solamente aditiva.

Pero todavía faltó algo para poder efectuar la redención. Un número negativo multiplicado por algo positivo sigue siendo negativo. Si un hombre pecador decidiera seguir a Jesús, simplemente porque Jesús es bueno, eso no cambiaría en nada la naturaleza "negativa" del hombre.

Era necesario que Jesús adquiriera un "signo negativo". Por eso tuvo que ser condenado como si fuera pecador; tuvo que cargar nuestro pecado y ser "herido por nuestras rebeliones", como fue profetizado en Isaías 53:5–6. Ahora, un hombre con "signo negativo" puede reconocer que su pecado ofende a Dios, que tiene necesidad de ser redimido, y que fue *su* pecado el que cargó Jesús en la cruz. Así puede someterse a Jesús, y permitir que este "signo negativo" de Jesús se aplique a su propia vida. Y así se cumple la fórmula $-(-y) = +y$, donde la "y" significa el "yo" del hombre. El hombre que "se niega a sí mismo y lleva su cruz" (Mateo 16:24), recupera el "signo positivo" que el primer hombre tuvo al inicio de la creación.

Y por supuesto, Jesús no se quedó con el "signo negativo", porque nunca fue suyo propio. Él había cargado *nuestro* pecado, el signo negativo colectivo de toda la humanidad. Este signo negativo se puede ahora multiplicar con el signo negativo de cada persona que está dispuesta a recibirlo. Pero después de cumplir con esta obra, Jesús recuperó su verdadero signo original, que es y siempre fue "positivo". La demostración de ello es Su resurrección: la muerte (el "negativo infinito") no tuvo poder sobre Él.

Deseo en este momento señalar una vez más lo que estas observaciones quieren ser, y lo que no quieren ser. Deseamos resaltar unas *paralelas* entre leyes matemáticas y leyes espirituales. Así podemos ver que hay una "armonía en espíritu" entre ambas. Una persona que ya tiene una cosmovisión bíblica, verá en eso una confirmación de que el Espíritu que inspiró el Evangelio, es el mismo como el Espíritu que inspiró las leyes de la matemática.

Podemos ver esta armonía de una manera similar como la armonía entre la estructura de una semilla de mostaza, y la naturaleza expansiva del reino de Dios (Mateo 13:31-32). La existencia de las semillas de mostaza en sí misma todavía no demuestra el crecimiento del reino de Dios. Pero Dios creó las semillas de mostaza con miras a que algún día iban a servir para dar esta ilustración, y aplicó en Su creación el mismo principio fundamental como el que rige el crecimiento del reino de Dios.

De manera similar, Dios usó principios correspondientes al diseñar la matemática, y al diseñar el plan de salvación. No pretendemos decir que las leyes de los signos por sí mismas sean una *demostración* de que el Evangelio es verdadero; ni que el Evangelio sea una *demostración* de que las leyes de los signos son verdaderas. Una persona que no se fundamenta sobre una cosmovisión bíblica, no verá una tal "demostración" como convincente.

Algunos filósofos y matemáticos intentaron demostrar la verdad de Dios matemáticamente,. Pero tales intentos rebajan al Dios Todopoderoso al nivel de un mero objeto de la matemática o de la lógica. Las leyes espirituales de Dios son axiomas, no teoremas: requieren recibirse por fe. *(Vea en el capítulo 15.)* Pero una vez que edificamos sobre este fundamento, la armonía entre leyes matemáticas y leyes espirituales nos mueve a admirar y adorar la gran sabiduría multiforme del Dios Creador.

La multiplicación, principio inherente de todo ser vivo

Cuando Dios creó los animales, les dijo: "¡Multiplíquense!" – Y lo mismo dijo a los primeros hombres. (Génesis 1:22.28). La procreación de los seres vivos se puede describir como multiplicación, porque produce "copias de lo mismo", seres vivos de la misma especie.

Cuando Dios creó los seres vivos, cada vez dice: "Y Dios vio que era bueno". Dios quiere que lo bueno se multiplique. La multiplicación es un principio de la vida misma.

Multiplicación como bendición

Muchas veces Dios dijo al pueblo de Israel que se iban a multiplicar, como una señal de la bendición de Dios:

"Multiplicaré tanto tu linaje, que no será contado a causa de la muchedumbre." (Génesis 16:10)
"Cuiden de poner por obra todo mandamiento que yo les ordeno hoy, para que vivan, y sean multiplicados, y entren, y posean la tierra, de la cual juró el Señor a sus padres." (Deuteronomio 8:1)
... y muchos otros.

Igualmente en el Nuevo Testamento leemos como se multiplicó el número de los discípulos, en consecuencia de la bendición de Dios (Hechos 6:7, 9:31).

Restitución cuadruplicada

Cuando Zaqueo se arrepintió, dijo: "Si en algo he engañado a alguno [cobrándole por demás], se lo devuelvo cuadruplicado." (Lucas 19:8). Tan grande fue su arrepentimiento, que no se contentaba con restituir lo robado: Zaqueo devolvió lo que había robado, multiplicado por cuatro.

La "ley distributiva" de Dios

La ley distributiva dice que una operación de nivel "superior" se "distribuye" sobre todas las operaciones de nivel "inferior" a las que se aplica. Por ejemplo, para una multiplicación aplicada a una suma:

$$(a + b + ... + z) \cdot n = a \cdot n + b \cdot n + ... + z \cdot n$$

Muchas acciones de Dios son "distributivas", o sea, se aplican a todos; se "distribuyen" entre todos. Por ejemplo dice Jesús, que Dios el Padre "hace salir su sol sobre malos y buenos, y hace llover sobre justos e injustos." (Mateo 5:45) Una acción que se aplica a un "entero", se aplica a cada parte de ese entero. Si Dios provee por su creación, su provisión se aplica a cada parte de la creación. Podríamos casi escribirlo como fórmula:

Sol x (malos + buenos) = (Sol x malos) + (Sol x buenos).

Lluvia x (justos + injustos) = (Lluvia x justos) + (Lluvia x injustos).

Por eso dice que nosotros seamos también "distributivos" con nuestra bondad: "Amen a sus enemigos, bendigan a los que les maldicen, hagan bien a los que les odian, y oren por los que les afrentan y persiguen. (...) Porque si aman a los que les aman, ¿qué recompensa tendrán? ¿No hacen también los cobradores de impuestos lo mismo? Y si saludan solamente a sus hermanos, ¿qué hacen de más? ¿No hacen también las naciones lo mismo?" (Mateo 5:44.46-47)

La división: Reparto justo

La justicia y equidad son virtudes importantes. Una ocasión para practicarlas es cuando se trata de repartir bienes entre varias personas. Por ejemplo, en la primera comunidad de los cristianos en Jerusalén "no había ningún necesitado entre ellos, porque los que eran propietarios de terrenos o casas, los vendían y traían el precio de lo vendido y lo ponían a los pies de los apóstoles; y fue distribuido a cada uno según tenía necesidad." (Hechos 4:34-35) – Aquí, el criterio para la distribución fue la necesidad de cada uno.
Cuando la división no se efectuaba de manera correcta, enseguida surgían problemas y quejas (Hechos 6:1).
En la parábola del hijo pródigo dice: "Y el menor de ellos dijo a su padre: 'Padre, dame la parte de los bienes que me corresponde.' Y les repartió los bienes." (Lucas 15:12) – El hijo menor tenía una actitud egoísta; pero aun así no pidió la cantidad de dinero que él quiso, pidió "la parte que me corresponde". Él sabía que no podía pedir cualquier monto arbitrario.
En el Antiguo Testamento había que repartir la Tierra Prometida entre las tribus de Israel. Entonces Josué envió a tres hombres de cada tribu para reconocer y medir la tierra, y repartirla en tantas partes como había tribus. Después se decidió mediante la suerte, cuál tribu iba a recibir cuál parte. (Josué 18:1-10). Eso fue una manera interesante de asegurar que ninguna tribu encontrara alguna razón para quejarse de su parte: Por un lado, porque al final decidió la suerte; y por el otro lado, porque antes de eso cada tribu había participado en la medición de la tierra, y así los delegados de cada tribu tuvieron la oportunidad de controlar que las partes salieran iguales.

El caso más sencillo de un reparto es el reparto por partes iguales. Esta operación es una simple **división**. Así que la operación de la división nos enseña a practicar la equidad: Cada uno recibe una parte igual.
La división tiene aplicación también cuando se trata de organizar a un gran número de personas. Moisés siguió el consejo de su suegro Jetro, de nombrar jefes sobre millares, sobre centenas, sobre cincuenta y sobre diez (Éxodo 18:21-23). La misma forma de organización vemos en el ejército. – En la alimentación de los 5000, Jesús ordenó a los discípulos a hacer sentar a la gente en grupos de 50, para asegurar una distribución ordenada (Lucas 9:14).
Un dato interesante podemos sacar si aplicamos la división a la situación de la primera comunidad cristiana donde se bautizaron 3000 personas (Hechos 2:40): Muchos lectores, desde su trasfondo tradicional, se imaginan una "mega-iglesia" según el ejemplo de las iglesias institucionales actuales, donde todos se reúnen juntos en un edificio y los apóstoles "predican". Pero la enseñanza de los apóstoles sucedía en la "plaza sagrada" (el atrio espacioso alrededor del templo), al aire libre, donde cada oyente podía ir y venir como deseaba. En cambio, las reuniones de la "iglesia" propiamente dicho, o sea de los cristianos entre sí, tenían lugar *en las casas* (Hechos 2:46). Ahora, en una casa no es práctico que se reúnan más de 20 a 30 personas a la vez, por el espacio reducido, y porque con un mayor número de participantes se pierde el carácter personal de la reunión. Si suponemos que en

estas reuniones era necesaria la presencia de por lo menos una persona que ya estaba "en el Señor" por más tiempo, ¿quiénes podían asumir esta responsabilidad, aparte de los apóstoles? – Leemos en Hechos 1:15 que fueron alrededor de 120 personas quienes esperaban la venida del Espíritu Santo. Si asumimos que cada una de estas personas se responsabilizaba de acompañar a un grupo de nuevos cristianos en una casa, entonces el tamaño promedio de esos grupos habría sido de 3000 ÷ 120 = 25 personas; justo un número que todavía se puede manejar en este tipo de reuniones.

(Por supuesto que no sabemos si realmente fue así. Quizás las reuniones en las casas podían funcionar sin la presencia de algún "cristiano experimentado", porque el mismo Espíritu Santo les guiaba y enseñaba. Pero el cálculo por lo menos nos muestra que una tal organización de las reuniones hubiera sido perfectamente realista.)

Reparto proporcional

Ahora, en la vida real (y en diversos casos descritos en la Biblia), muchos problemas de reparto son más complicados que una simple división, porque intervienen otros criterios para la distribución. En el reparto de la ayuda a los pobres, había que considerar que algunos tenían más necesidad que otros. En el reparto de la herencia, según la ley correspondía una porción doble al hijo mayor. Entonces el hijo menor, al pedir "la parte que me corresponde" (Lucas 15:12), estaba consciente de que eso significaba pedir dos partes para su hermano y una sola parte para él mismo.

En estos casos se aplica un principio matemático un poco más complicado, que es el **reparto proporcional**. Supongamos, por ejemplo, que hay tres familias necesitadas de ayuda. La primera familia tiene una "necesidad simple". La necesidad de la segunda familia es tres veces la necesidad de la primera familia – quizás porque tienen más hijos, o porque tienen menos medios propios. Y la necesidad de la última familia es cuatro veces la necesidad de la primera. Entonces la ayuda debe repartirse en la proporción de 1 : 3 : 4. O sea, si la primera familia recibe una parte, la segunda familia debe recibir 3 partes y la tercera familia debe recibir 4 partes. Pero ¿cuánto es una "parte"? – Eso lo descubrimos si dividimos la ayuda total disponible entre 8. ¿Por qué entre 8? Porque 1 + 3 + 4 = 8, o sea, en total tenemos que distribuir 8 "partes" a las familias. Supongamos que hay a disposición un monto de 240.–, entonces una "parte" es 240 ÷ 8 = 30.–. La primera familia recibe 1 parte, o sea 30.–. La segunda familia recibe 3 partes, o sea 3 x 30 = 90.–. La tercera familia recibe 4 partes, o sea 4 x 30 = 120.–. Hagamos la comprobación si realmente hemos distribuido todo: 30 + 90 + 120 = 240.–, el monto total. Entonces la distribución es correcta.

Todo eso está implicado en los relatos donde dice que algo se distribuyó "según la necesidad de cada uno", o "según la parte que corresponde a cada uno". ¡Se necesita bastante matemática para ser equitativo!

Este mismo concepto se aplica por ejemplo, si varias personas se comparten un trabajo, pero algunos trabajan más que otros. Entonces, si queremos repartir la ganancia de manera equitativa, debemos repartirla proporcionalmente a la cantidad de trabajo que realizó cada uno.

Aquí tenemos otro ejemplo donde Jesús está aplicando el principio de la proporcionalidad:
"Y vio a los ricos que echaban sus ofrendas al tesoro. Y vio a una viuda pobre echando allí dos centavos, y dijo: Verdaderamente les digo que esta pobre viuda echó más que todos. Porque todos estos echaron a la ofrenda de Dios de lo que les sobraba; pero ella de su escasez echó todos los bienes que tenía." (Lucas 21:1-4)
Todo el mundo se fijaba en los *montos absolutos* que la gente echaba al tesoro: los ricos echaban mucho más dinero que la viuda. Pero Jesús, quien conoce el trasfondo de cada uno, se fijó en la *proporción de sus bienes* que cada uno echó. Y esa proporción era muy pequeña en los ricos; ellos probablemente ofrendaron menos que 1% de lo que tenían. La pobre viuda, en cambio, dio el 100% de sus bienes. En conclusión, la viuda que echó dos centavos fue más generosa que todos los ricos.

Proporcionalidad inversa

Tenemos una proporcionalidad inversa cuando una cantidad *disminuye* en la misma medida como otra cantidad aumenta. Por ejemplo la velocidad de un vehículo y el tiempo que necesita para llegar a su destino, están en una proporcionalidad inversa: A mayor velocidad, menos tiempo; y vice versa.

En Marcos 8:17-21 parece que Jesús plantea a Sus discípulos un problema bastante exigente de proporcionalidades: "¿Qué discuten porque no tienen pan? ¿No entienden ni comprenden? ¿Todavía tienen su corazón endurecido? ¿Teniendo ojos no ven, y teniendo oídos no oyen?
¿Y no recuerdan, cuando partí los cinco panes entre los cinco mil, cuántas canastas llenas de los pedazos recogieron? – Le dijeron: Doce. – Y cuando [partí] los siete panes entre cuatro mil, ¿cuántas canastas llenas de los pedazo recogieron? – Y ellos dijeron: Siete. – Y les dijo: ¿Cómo todavía no entienden?"

Analizando las proporcionalidades mencionadas aquí, la cantidad de pan que cada persona recibe debe ser inversamente proporcional al número de personas: cuánto más personas, menos pan recibe cada uno. Y esperaríamos que la cantidad de pan que sobra, sería directamente proporcional a lo que se dio a cada persona: cuánto más pan está a disposición, más sobrará. Pero bajo estas premisas, la operación no sale: Supongamos que el número de las sobras que recogieron en la alimentación de los 4000 es la incógnita que queremos calcular desde los otros datos. Tendríamos entonces: $x = 12 \cdot \dfrac{7}{4000} \div \dfrac{5}{5000} = \dfrac{12 \cdot 7 \cdot 5000}{4000 \cdot 5} = 21.$

O sea, se esperaría que en la alimentación de los 4000 sobrarían 21 canastas llenas de sobras; más que en la alimentación de los 5000, porque con los 4000 había más pan, y se repartía entre menos gente. Pero este cálculo no corresponde a los hechos.

Cambiamos entonces nuestra premisa: ¿Cómo resulta el cálculo si suponemos que la cantidad de sobras es *inversamente proporcional* a la cantidad de pan que se puede repartir? Veamos:

$$x = 12 \div \frac{7}{4000} \cdot \frac{5}{5000} = \frac{12 \cdot 4000 \cdot 5}{7 \cdot 5000} = 6.857... \approx 7.$$

¡Este resultado (redondeado a enteros) es conforme a los hechos!

No sé si las capacidades matemáticas de los discípulos fueron suficientes para entender la enseñanza profunda que encierra este ejemplo. La mayoría de ellos ejercían oficios que requerían muy poca matemática; con excepción de Mateo, quien era cobrador de impuestos, y por eso debe haber dominado las operaciones necesarias para cálculos comerciales. Quizás Mateo entendió cómo estos números ilustran la generosidad y la milagrosa provisión de Dios. No solamente que Dios es capaz de multiplicar el alimento que hay; Él incluso lo multiplica *más* cuando hay menos. A mayor escasez de pan, ¡más pan sobra!

El promedio ponderado

Un concepto un poco relacionado con el reparto proporcional es el **promedio ponderado**. Se trata de calcular el promedio de varios datos, pero tomando en cuenta que algunos de los datos son "más importantes" que otros.

Los estudiantes del sistema escolar conocen este concepto más que todo desde las notas escolares. Se puede definir que algunos cursos son "más importantes" que otros; entonces al calcular el promedio de las notas, esos cursos cuentan doblemente. Supongamos que un estudiante obtuvo las siguientes notas (a base de una escala de 0 a 20):

Comunicación   15
Matemática   14
Ciencias   08
Educación física 06
Historia   05

Entonces el promedio de las notas sería: (15 + 14 + 8 + 6 + 5) ÷ 5 = 48 ÷ 5 = **9.6**.

Pero si se define que Comunicación y Matemática cuentan doblemente, entonces el promedio se calcula como si el alumno hubiera estudiado *dos* cursos de comunicación y *dos* cursos de matemática, y en ambos hubiera obtenido la nota 15 resp. 14. Entonces este *promedio ponderado* resulta así:
(15x2 + 14x2 + 8 + 6 + 5) ÷ 7 = 77 ÷ 7 = **11**.

Se divide ahora entre 7, ya no entre 5, porque es como si el alumno hubiera estudiado 7 cursos. Aun así, este promedio ponderado es bastante mayor que el promedio simple. ¡Menos mal para el estudiante, que sacó sus mejores notas en los cursos que valen doblemente! (Desafortunadamente, en la vida real a menudo es al revés, porque lo que es importante para el estudiante, a menudo no coincide con lo que el sistema considera importante...)

Los amigos del rey David aplicaron este principio cuando tuvieron que huir con él ante la sublevación de Absalón. Se alistaban para defenderse contra las tropas de Absalón, y David quiso ir con ellos; pero sus amigos dijeron: "No saldrás; porque si nosotros huyéremos, no harán caso de nosotros; y aunque la mitad de nosotros muera, no harán caso de nosotros. Pero tú ahora vales como diez mil de nosotros." (2 Samuel 18:3)

Ellos aplicaron esta lógica matemática: Lo único que le interesaba a Absalón era matar a David; entonces David valía en ese momento como diez mil de sus hombres. Entonces, aunque huyeran o murieran la mitad de sus hombres, pero David sobrevivía, la guerra estaba ganada, porque David tenía más "peso" que todos ellos. Pero si todos ellos sobrevivieran y David muriera, la guerra estaría perdida, porque sería como si diez mil hombres hubieran muerto. O sea, para calcular el "resultado final" de la guerra, había que multiplicar la vida de David por diez mil.

Podemos aplicar este principio también a lo que sucede cuando alguien se arrepiente de su pecado, se convierte a Jesucristo, y es justificado por la sangre de Jesús. Pablo dice que en ese momento él dejó de tener su propia justicia, y en su lugar obtuvo la justicia de Dios por la fe de Cristo (Filipenses 3:9).

Ahora, la justicia propia de todo hombre es negativa, porque aun el hombre más justo, por sí mismo, no cumple perfectamente la voluntad de Dios. Algunos hombres tienen más injusticia que otros; pero en todo caso, nuestra propia justicia debe expresarse con un número negativo. Digamos que Pablo tenía una justicia propia de -1000.

Pero Jesús dio Su vida para que nosotros podamos obtener Su justicia, si nos arrepentimos. Jesús, siendo el Hijo de Dios, es eterno y perfecto. O sea, Su justicia es "positiva"; y no solo eso: ¡es infinita! Entonces, cuando Dios calcula el promedio entre la justicia de Jesús y la justicia de Pablo, resulta:

$$(-1000 + \text{infinito}) \div 2 = \text{infinito}.$$

Saldría igual, aun si la propia justicia de Pablo hubiera sido mucho más negativa. De todos modos, el resultado sale positivo. La justicia de Jesús que Él da a todo el que se arrepiente y cree, anula toda injusticia del hombre. Lo finito es completamente insignificante en comparación con lo infinito.

Nota matemática: He simplificado este ejemplo para que sea entendible, aun sin entender conceptos matemáticos avanzados. Presentaré ahora una explicación alternativa que es más correcta (matemáticamente), pero requiere mayores conocimientos matemáticos para entenderla:

5. Operaciones aritméticas

En realidad no es matemáticamente correcto, usar una cantidad infinita dentro de una operación aritmética. *(Vea el Capítulo 19, "Los misterios del infinito".)* Y en realidad tendríamos que calcular aquí también el promedio *ponderado*, y para eso tendríamos que tomar en cuenta que la importancia o el "peso" de Jesús es infinito. No es necesario asumir que Su justicia sea "infinita"; basta con reconocer que es positiva, y que su importancia es infinita. Si expresamos con **J** la justicia de Jesús, entonces el promedio ponderado se expresaría por el siguiente límite, para cuando **x** (la importancia de Jesús) se vuelve infinitamente grande:

$$\lim_{x \to \infty} \frac{x \cdot J - 1000}{x + 1}$$

Para calcular el promedio ponderado, dividimos entre x+1, la suma de la importancia de Jesús con nuestra propia importancia, que es la de una sola persona. Pero en realidad, el resultado es el mismo si ese +1 no está allí, o si lo remplazamos por cualquier otro número.

Ya que lo finito "desaparece" completamente en comparación con lo infinito, las constantes −1000 y +1 se vuelven insignificantes. Así se puede demostrar que este límite es exactamente igual a **x·J/x = J**, la justicia de Jesús. Y este mismo resultado sale también si ponemos para nuestra propia justicia cualquier otro número que no sea −1000; incluso si asumimos que fuera positiva. Si nos convertimos a Jesús y reconocemos que Él es infinitamente importante, entonces nuestra propia justicia desaparece completamente, y nos quedamos con nada más ni menos que la justicia de Jesús.

Tenemos aquí también una explicación matemática de la parábola de los obreros en la viña (Mateo 20:1-16): El sueldo prometido es la entrada al reino de los cielos, y la justicia de Jesús. Si la importancia de Jesús es infinita, entonces el número de horas de trabajo (nuestra propia contribución a la salvación) se anula completamente, y todos los trabajadores se quedan con lo mismo: la justicia de Jesús. Lo único que importa es que uno realmente "entre" en esta fórmula; o sea, que tenga un "contrato" con Jesús.

Nota teológica: Por favor no malentienda este ejemplo en el sentido como si Jesús fuera una variable en una fórmula matemática. Jesús, como Hijo de Dios, no está sujeto a la matemática; ¡Él es el Creador de la matemática! Aunque podemos efectivamente expresar la justificación bíblica con esta fórmula, eso no es todo. Mucho más importante que el "mecanismo" de la justificación es la *relación personal* con Jesús. Convertirse a Jesús es mucho más que participar en una "transacción de justicia". Es un cambio radical de nuestra actitud hacia Él, y de nuestra vida entera. Es entrar en una relación de confianza con la persona de Jesús, y eso implica entrar en contacto y comunicación con Él, y arrepentirnos radicalmente de haberle excluido de nuestra vida hasta ahora. En mi ejemplo he descrito únicamente el aspecto que se puede expresar matemáticamente, pero la nueva vida con Jesús tiene también aspectos emocionales, relacionales, actitudinales, éticas, y muchos otros; en breve, abarca el todo de la vida.

Factores primos: Los "elementos" que componen los números

Parece ser un principio de la creación de Dios, que todo se compone de ciertas piezas fundamentales o "bloques de construcción". Así por ejemplo la materia se compone de elementos químicos, y estos a su vez se componen de partículas elementales (electrones, protones, etc). Nosotros los humanos usamos este mismo principio: construimos casas de ladrillos; componemos máquinas de muchas piezas individuales; etc.

Algunos pensadores han dicho que en eso se refleja la misma naturaleza de Dios, porque Él mismo es uno, y sin embargo hay en Él varias "partes" o "personas": Dios el Padre, Jesús el Hijo, y el Espíritu Santo. Así también Su creación consiste en muchas "piezas", y sin embargo forman una unidad.

Y así también en la matemática, en cierto sentido los *factores primos* son como los "elementos" que conforman los números. Así como un científico entiende mucho acerca de las propiedades de una sustancia cuando conoce su composición química, un matemático entiende mucho acerca de las propiedades de un número cuando conoce su descomposición en factores primos. Por eso, los números primos y las factorizaciones son un campo importante de la investigación matemática. Son tan importantes que el siguiente teorema se ha llamado el "Teorema Fundamental de la aritmética": "Cada número natural se puede descomponer en factores primos de una única manera."

Los factores primos revelan que unos números aparentemente "similares" pueden tener "estructuras internas" muy distintas. Veamos por ejemplo los números sucesivos 1007, 1008 y 1009: Su valor es casi igual, pero sus factorizaciones son muy distintas:

$$1007 = 19 \cdot 53$$
$$1008 = 2 \cdot 2 \cdot 2 \cdot 2 \cdot 3 \cdot 3 \cdot 7$$
$$1009 = 1009 \text{ (primo)}$$

Supongamos que para algún propósito necesitamos un número un poco mayor a 1000. Si el propósito requiere un número con muchos divisores, escogeríamos el 1008; es el número con más divisores en este "vecindario". En cambio, si el propósito requiere un número primo, escogeríamos el 1009; es el primer número primo después de 1000.

La descomposición en factores primos es una de las operaciones más trabajosas que se pueden realizar con los números naturales. Es muy fácil multiplicar unos números para obtener un número compuesto; pero puede ser muy difícil descomponer un número, si no conocemos sus factores. Aun hoy en día, los matemáticos profesionales siguen investigando para descubrir métodos más eficaces de factorizar números grandes. Así que incluso los sencillos números naturales esconden "secretos de Dios" que requieren toda la fuerza mental de los mejores matemáticos para poder desenredarlos.

6. Pesos y medidas

El principio bíblico fundamental acerca de los pesos y medidas se encuentra en Levítico 19:35-36:

> "No hagáis injusticia en juicio, en medida de tierra, en peso ni en otra medida. Balanzas justas, pesas justas y medidas justas tendréis."

O según la versión en Deuteronomio 25:13-15:

> "No tendrás en tu bolsa pesa grande y pesa chica, ni tendrás en tu casa efa grande y efa pequeño. Pesa exacta y justa tendrás; efa cabal y justo tendrás, para que tus días sean prolongados sobre la tierra que el Señor tu Dios te da."

Principios similares se encuentran también en Proverbios 11:1, 16:11, 20:10, 20:23.

(El efa era una medida para granos, harina, etc, y correspondía a 37 litros.)

Una "medida justa" es una que *no cambia* según las circunstancias, ni según la persona que lo usa, ni se altera con el tiempo. Para que las mediciones y los negocios sean justos, tengo que poder confiar en que el kilo que me compran es igual al kilo que me venden; que un litro en el Perú es la misma cantidad como un litro en Colombia; y que mañana un metro tendrá la misma longitud como hoy.

Por eso, todo instrumento de medir debe ser calibrado: se debe asegurar que un kilo en la balanza sea igual a un kilo en las otras balanzas, y que un centímetro en la regla sea igual a un centímetro en las otras reglas.

Es interesante comparar esta ley de Dios con dos de los postulados y axiomas que Euclides formula en sus "Elementos". Las definiciones, los postulados y axiomas [2] son el "fundamento" sobre el cual Euclides construye el entero edificio de la geometría y aritmética. Su cuarto postulado dice:

> "Todos los ángulos rectos son iguales entre sí."

Esto significa que puedo tomar un ángulo recto, trasladarlo a otra parte, y sigue

---

[2] Tanto "postulados" como "axiomas" describen principios fundamentales que no se pueden demostrar lógicamente. Existe una diferencia sutil entre ellos: Los "postulados" describen "necesidades", o sea propiedades que el espacio necesariamente debe cumplir para que la geometría sea posible; pero que no se pueden verificar en la práctica. (De hecho, se asume hoy en día que posiblemente el espacio en las dimensiones más extensas del universo no cumple el quinto postulado de Euclides, el postulado de las paralelas.) – Los axiomas, en cambio, describen verdades "evidentes por sí mismas" que no necesitan demostración, por ser obvios.

siendo un ángulo recto; no se altera ni se deforma durante este "viaje". En otras palabras: El espacio es homogéneo, tiene las mismas propiedades por todas partes.

El cuarto axioma de Euclides dice:

"Lo que coincide entre sí, es igual entre sí."

Este axioma se refiere a la manera más natural de comprobar la *congruencia* de dos figuras: Tomo una de las figuras, la pongo encima de la otra, y verifico si las dos figuras coinciden en todos sus puntos. Esto implica, igual que el postulado antes descrito, que las figuras mantienen su forma y tamaño al trasladarlas por el espacio.

Estas cosas nos pueden parecer triviales; tan obvias que no necesitan mencionarse. Pero es justamente eso lo que distingue a Euclides como un gran pensador: Él se atrevió a cuestionar lo obvio, y a preguntar: *¿Y qué, si no fuera así?* ¿Qué, si las figuras se deforman al moverlas a otra parte? – Y su conclusión fue, que si eso fuera el caso, ya no sería posible hacer geometría. Por eso, sus postulados y axiomas describen las condiciones que son necesarias por lógica, para siquiera poder hacer geometría.

Ahora, lo que Euclides dice aquí, es básicamente lo mismo como la ley de Dios acerca de los pesos y medidas: Las medidas no deben alterarse por ninguna circunstancia. Solamente que Euclides enuncia estas verdades en un contexto puramente *lógico*: Las necesidades lógicas de la geometría exigen que estos postulados y axiomas se cumplan. La ley de Dios, en cambio, incluye el aspecto *moral*: El hombre es *responsable* de cumplir con estas leyes.

No fue necesario describir en la Biblia las propiedades del espacio y de las figuras geométricas, porque esas son cosas que el hombre puede descubrir por sí solo, sin necesidad de una revelación divina. La ley de Dios presupone estas propiedades como algo que ya está dado, ya está contenido en la creación de Dios. Pero la ley de Dios va un paso más allá, y nos dice que nosotros estamos bajo una obligación moral y de justicia, usar medidas iguales y constantes.

Las figuras geométricas no tienen libertad de decidir si quieren cumplir estas leyes o no; pero nosotros como humanos sí. Tenemos aquí entonces una conexión entre lógica y ética; una conexión que Euclides no hizo explícitamente, pero la Biblia sí la hace. Eso implica que cierto grado de justicia y rectitud personal es necesario para hacer matemática. Si una persona está acostumbrada a alterar las medidas cuando hace negocios, y hace lo mismo en sus cálculos matemáticos, los resultados serán equivocados.

- Por supuesto que existen personas muy hábiles en la matemática que usan esta habilidad para engañar a otros. Pero tales habilidades son "técnicas", se refieren a manejar procesos descubiertos por otras personas. El pensamiento matemático genuino, que aplica principios para descubrir nuevas propiedades y leyes, tiene que proceder con consecuencia, justicia y rectitud, porque de otro modo llegará a resultados erróneos. Y si hablamos de enseñar a niños: Cuando les enseñamos a ser justos y rectos, ponemos a la vez un fundamento para un mejor entendimiento de la matemática. En cambio, los niños acostumbrados a engañar, dificultarán en entender principios matemáticos.

¿Cuál es tu regla para medir?

Cuando medimos longitudes, comparamos un objeto con una regla. La regla nos indica las unidades de medida que son siempre las mismas.

También existe una regla para medir nuestra manera de vivir. Pero esta regla no mide longitudes. Esta regla mide si está bien o mal cómo vivimos.

La regla para medir nuestra vida es la palabra de Dios. Si quieres saber cómo está tu vida, compárala con lo que dice Dios en Su palabra.

Lo que dicen los hombres, puede cambiar. Los hombres se pueden equivocar. Padres, profesores, líderes de la iglesia ... todos se pueden equivocar. Pero Dios no se equivoca. Por eso, la palabra de Dios es una regla segura.

Dios construye según medida

En la Biblia abundan los números y medidas en aquellos pasajes que hablan de la "habitación de Dios" y de Su pueblo: en las descripciones del tabernáculo y del templo del Antiguo Testamento (Éxodo 26, 1 Reyes 6, Ezequiel cap.40 a 43); y en la Nueva Jerusalén (Apoc.21:12-17). Lo que Dios manda construir para Él mismo, debe ser construido correctamente, cada parte según su medida exacta.
En el Apocalipsis, Juan tiene que medir también "el templo de Dios, y el altar, y a los que adoran en él" (11:1-2). Eso debe ser una referencia al *pueblo* de Dios, porque en el orden del Nuevo Testamento ya no existe ningún "templo" como edificio físico (vea Hechos 7:48-50, 17:24, Apocalipsis 21:22). La "casa de Dios" del Nuevo Testamento es una "casa espiritual" que consiste en la comunión de los discípulos, en quienes vive Dios por medio de Su Espíritu. (Vea 1 Corintios 3:16-17, Efesios 2:19-22, 1 Pedro 2:5.) Esta casa *espiritual* de Dios, que somos nosotros, es mucho más importante que todo edificio material; porque la casa espiritual es eterna, pero los edificios materiales perecen. ¿No debemos asumir entonces que también la casa espiritual, el pueblo de Dios, debe "construirse" con las medidas correctas, siguiendo exactamente las instrucciones de Dios? Tales "instrucciones de construcción" encontramos por ejemplo en Mateo 23:8-12, Romanos cap.12, 1 Corintios 3:4-15, 1 Corintios cap.12, Efesios 4:11-16, Efesios 5:21-6:9, Colosenses 3:18-4:1, 1 Timoteo cap.3, y otros. Son pocas las congregaciones cristianas contemporáneas que realmente toman en serio estas instrucciones.

Las medidas del universo

Desde tiempos muy antiguos, Dios señaló las extensiones enormes del universo como una ilustración de la grandeza de Dios mismo:

"¿Quién midió las aguas con su puño, y aderezó los cielos con su palmo, y con tres dedos allegó el polvo de la tierra, y pesó los montes con balanza, y con peso los collados?" (Isaías 40:12)

Hoy en día, que los científicos han encontrado métodos para efectivamente "medir" las extensiones del universo, por lo menos aproximadamente, nos admiramos aun más de su magnitud que se puede expresar solamente con números enormes de muchas cifras. Aunque podemos escribir tales números en el papel y calcular con ellos, no podemos realmente imaginarnos las dimensiones que estos números representan.

Para dar una pequeña muestra: Los astrónomos usan como unidad de medida el año-luz, o sea la distancia que la luz transcurre dentro de un año. La velocidad de la luz es de 300'000 km *por segundo*. O sea, la luz necesita poco más que un segundo para viajar desde la Tierra hasta la Luna (384'000 km). Ahora puede ser un ejercicio interesante, calcular cuántos kilómetros viaja la luz dentro de un año. El número que resulta, es completamente inimaginable.

Sin embargo, aun la estrella más cercana a nuestro sistema solar se encuentra a una distancia de más de 4 años-luz. Se estima que nuestra galaxia tiene un diámetro de 80'000 años-luz. La Nebulosa de Andrómeda, una galaxia que se considera todavía "vecina" de la nuestra, se encuentra a una distancia de más de 2 millones de años-luz.

Meditando en estos números, vemos que la ciencia moderna no ha disminuido de ninguna manera nuestras razones por admirar y adorar a Dios. Al contrario: Nuestros conocimientos acerca de las dimensiones del espacio exterior aumentan nuestro asombro ante la grandeza de Su creación, que hace que "las naciones son como nada delante de Él" (Isaías 40:17).

Parte II: ¿Cómo enseñar matemática?

7. Entendiendo a los niños

Si queremos llegar a unas pautas compatibles con la palabra de Dios acerca de la enseñanza de la matemática, entonces tenemos que ocuparnos primero de lo que dice la Biblia acerca de la educación en general. No hay lugar en el marco de este libro para entrar en todos los detalles de una pedagogía cristiana; pero sí vamos a ver unos puntos que nos ayudarán a entender a los niños.

"Recibir" a los niños

Comenzaremos con una de las palabras más radicales del Señor Jesús:

**"Ciertamente les digo: Si ustedes no se arrepienten y se vuelven como los niñitos, no entrarán en absoluto al reino de los cielos. Cualquiera entonces que se humilla a sí mismo como este niñito, este es el mayor en el reino de los cielos. Y cualquiera que recibe a uno de estos niñitos en mi nombre, me recibe a mí.
Pero el que hace tropezar a uno de estos pequeños que creen en mí, le conviene que le sea colgada una piedra de molino al cuello, y que sea hundido en la profundidad del mar."** (Mateo 18:3-6)

Con estas palabras, Jesús voltea de cabeza diversos conceptos pedagógicos tradicionales:

- No los niños tienen que adaptarse a los adultos; los adultos tienen que adaptarse a los niños.
En el contexto vemos que Jesús se refiere sobre todo a la humildad. Un niño normalmente no se cree superior a los demás, y está consciente de que todavía tiene mucho que aprender. "Ustedes los adultos, vuélvanse también así", nos dice Jesús. Un buen educador sigue siendo un aprendedor durante toda su vida. Y no es demasiado orgulloso para reconocer que de vez en cuando tiene que aprender algo incluso de un niño.
Como adultos tal vez podemos tener más conocimientos, experiencia y madurez que los niños; pero eso no hace que valgamos más que ellos como personas. Ante Dios, cada persona tiene el mismo valor, sea niño o adulto.
En cuanto a la educación intelectual, debemos "volvernos como niños" en el sentido de entender la manera de pensar de los niños, y de adaptar nuestra enseñanza a su manera de pensar. Los niños nunca fueron adultos, entonces no podemos exigir que ellos comprendan la manera de pensar de un adulto. Pero todos nosotros hemos sido niños; entonces debemos ser capaces de entender

cómo piensa un niño. Así por ejemplo, si un niño no entiende lo que explicamos, no debemos reprochar al niño; debemos esforzarnos por explicarlo de una forma más adecuada a la manera de pensar del niño.

- **Jesús quiere que recibamos a los niños de la misma manera como le recibiríamos a él.**
Un educador es alguien que "recibe" a los niños, que les da la bienvenida, recordando que ellos valen mucho para el Señor. ¿Se sienten los niños bienvenidos cuando vienen a nosotros?

- ***"Hacer tropezar"* a un niño es algo de lo más horrible en los ojos de Dios.**
"Hacer tropezar" significa en primer lugar: hacerles perder la confianza en Dios. Eso puede suceder de manera muy directa cuando alguien reniega de Dios, se burla de Él, o de alguna otra manera hace entender que Dios no es digno de confianza. Pero el "tropiezo" puede suceder también de manera indirecta cuando no somos representantes confiables de Dios. (Vea abajo en "El significado de la paternidad".) Cada educador, padre o profesor es de cierta manera un representante de Dios ante los niños – aun más un educador que se identifica como cristiano. Cuando un educador desanima a los niños, los maltrata, los menosprecia, o de alguna otra manera no los trata según el ejemplo del Señor, entonces está representando mal a Dios y está causando tropiezo.

Acerca del valor de los niños hablan también los siguientes pasajes:
"**¡Dejen a los niños venir a mí, porque de los tales es el reino de Dios!**" (Marcos 10:13-16 y paralelas.)
"**Una herencia del Señor son los hijos; digno de estima es el fruto del vientre.**" (Salmo 127:3)

La preeminencia del amor

En las prioridades de Dios, el amor es lo primero. Así declaró Jesús – en concordancia con los maestros de su tiempo – que los dos mandamientos más importantes son: "**Ama al Señor tu Dios con todo tu corazón, y con toda tu alma, y con toda tu fuerza, y con toda tu mente**"; y: "**Ama a tu cercano como a ti mismo**". (Lucas 10:27 y paralelas; vea Deuteronomio 6:5 y Levítico 19:18).

También el apóstol Pablo dice enfáticamente que "**si no tengo amor, no soy nada**" (1 Corintios 13:1-7). Y el apóstol Juan dice: "**Amados, amémonos unos a otros, porque el amor es de Dios, y todo el que ama ha nacido de Dios y conoce a Dios. El que no ama, no ha conocido a Dios, porque Dios es amor.**" (1 Juan 4:7-8)

Si este es el principio fundamental para nuestra relación con Dios y entre nosotros, ciertamente es también el principio fundamental para nuestra relación con los niños. Para que una educación sea de acuerdo con la voluntad de Dios, debe ser motivada por el amor. Y es uno de los requisitos más importantes para educar niños, tener amor por ellos.

Corrección motivada por el amor

De vez en cuando los niños se equivocan, o se portan mal; y entonces necesitan ser corregidos. Pero si lo fundamental es el amor, entonces también la corrección será motivada por el amor. **"Y ustedes, padres, no provoquen a ira a sus hijos; pero edúquenlos en disciplina y amonestación del Señor."** (Efesios 6:4).
O sea, la corrección no es para hacer sentir mal al niño; no es para hacerle daño, ni para "provocarlo a ira". Mas bien es para ayudarle a evitar errores en el futuro, y para ayudarle en su relación con Dios y en la convivencia con otras personas – por ejemplo corrigiendo el comportamiento egoísta, para no tener conflictos con otros niños y adultos. Dios nos disciplina con el fin de producir en nosotros "fruto pacífico de justicia" (Hebreos 12:11). Eso mismo debe ser también nuestro motivo al corregir a un niño.
La corrección tampoco debe ser arbitraria. Sobre todo en los casos que clasificamos como "mal comportamiento": las normas de comportamiento deben ser definidas con anticipación. Es una norma general de la justicia que también es bíblica, que "nadie puede ser castigado por algo que la ley no prohíbe". No es correcto reñir a un niño simplemente porque "me estás haciendo renegar". La corrección debe basarse sobre una norma objetiva, una "ley de la casa".

Generalmente hay dos clases de "errores" que tenemos que corregir en los niños. Una clase es el error por descuido, por ignorancia o por inmadurez. Por ejemplo, si un niño accidentalmente hace caer su vaso de leche; o si por curiosidad juega con el tomacorriente y no está consciente del peligro. Esta clase de errores se deben corregir explicando con mucha paciencia y comprensión, y dando al niño oportunidades para entrenar el comportamiento correcto. El niño no merece ningún "castigo" en estos casos, porque no lo hizo con mala intención. Normalmente siente tristeza, porque se da cuenta de que causó un problema, y está agradecido cuando le ayudamos a arreglar la situación (por ejemplo si junto con él limpiamos la leche derramada).
Es otro caso cuando el niño intencionalmente quebranta la "ley de la casa", y no muestra arrepentimiento por ello. Estos son los casos que se deben corregir con más severidad, porque revelan que el niño actuó con malas intenciones. Pero aun si en estos casos se deben imponer ciertas consecuencias al niño, esas no deben quitar nuestro amor por él.

Hablaremos en este punto de la corrección de los errores en la matemática. Los errores matemáticos pertenecen a la primera clase: se cometen por descuido o por ignorancia, pero no con malas intenciones. No son expresión de pereza ni de rebeldía. Al contrario: son una parte normal del proceso de aprendizaje. Aun los matemáticos profesionales a menudo cometen errores; sea por una pequeña equivocación, o como parte de su propio proceso de aprendizaje en el transcurso de una investigación. Tengamos presente que los errores matemáticos no son pecado ni maldad.

Entonces, en vez de reñir al niño por un error que cometió, usémoslo como una oportunidad para el aprendizaje. Si el error sucedió por descuido (por ejemplo un número equivocado en un cálculo), que sirva como incentivo para que el niño aprenda a ser más cuidadoso y más ordenado.

Más interesantes son los "errores de concepto" y los errores de razonamiento: los que suceden porque un niño no comprendió un procedimiento o una ley matemática, o porque aplicó un procedimiento que viola una ley de la matemática, o porque razonó mal. En estos casos será ventajoso analizar junto con el niño su propio razonamiento, pacientemente y sin reproche. Que el niño vuelva sobre sus pasos y reconstruya el razonamiento que hizo para llegar a su resultado. A menudo, este proceso ya es suficiente para que el niño se dé cuenta del error y pueda enmendarlo. Si no, entonces le ayudamos a descubrir dónde está el error en su razonamiento. De esta manera, su error no tiene por qué ser un "fracaso". Mas bien se convierte en una experiencia adicional de aprendizaje.

Un ejemplo: Sucede con bastante frecuencia que los niños resuelven una división de la siguiente manera:

```
 8336 | 4
 -8   | 284
  033
  -32
   16
```

Pedimos al niño que nos explique lo que ha hecho: "He dividido 8÷4, eso da 2, y el residuo es cero. Bajo el 3, 3÷4 no se puede dividir. Entonces bajo el siguiente 3, 33÷4 es 8 y el residuo es 1. Bajo el 6, 16÷4 es 4."

Si el niño no se da cuenta del error, entonces podemos preguntarle por ejemplo: "¿Y has anotado todos los resultados de tus divisiones?" – Si el niño afirma que sí, entonces podemos señalarle que su resultado no es razonable: Si tengo más que 8 mil y lo divido entre 4, eso no puede dar solamente unas cuantas centenas. – O le pedimos que haga la comprobación, usando la operación inversa: Si esta división es correcta, 4 x 284 debería dar 8336. Pero al hacer la multiplicación, el niño se va a dar cuenta de que no sale así. – De una u otra manera, habrá que llevar al niño al punto donde él mismo se da cuenta de que su resultado no puede ser correcto.

Entonces lo incentivamos a buscar dónde sucedió el error. Quizás lo encuentra ahora por sí mismo. Si sigue sin encontrarlo, habrá que darle una ayuda adicional. Por ejemplo, vamos a analizar el valor posicional de cada cifra:

– "Este 8 que has dividido al inicio, ¿cuánto vale?"
– "8 mil."
– "Entonces el 2 que has escrito como resultado, ¿cuánto vale?"
– "2 mil."
– "Después bajaste el 3. ¿Cuánto vale este 3?"
– "300." (o: "3 centenas".)
– "Después bajaste el otro 3. ¿Cuánto vale ese?"
– "30." (o: "3 decenas".)
– "O sea, ahora estamos dividiendo decenas. ¿Cuánto vale entonces el 8 que escribiste en el resultado?"

– "80." (o: "8 decenas.")
– "Entonces mira bien lo que has escrito. El 2 vale 2 mil; el 8 vale 80. ¿Eso está bien escrito?"

Esta última observación debería llevar al alumno a darse cuenta del error; por lo menos si entendió los fundamentos del procedimiento de la división. Alternativamente, se puede ya en el momento de bajar las 3 centenas hacer la observación:
– "Entonces hay que dividir ahora estas 3 centenas entre 4. ¿Cuánto da eso?"
– "Nada, no se puede dividir."
– "Sí, pero la nada es también un número. Tenemos que escribir el resultado de dividir las centenas. ¿Qué número es la nada?"
– "Cero."
– "Entonces el resultado de dividir las centenas es cero. ¿Dónde escribimos eso?"

Este proceso llevará al alumno a un entendimiento más profundo de la división, y del concepto del valor posicional. Así, su error le provee una experiencia de aprendizaje. Después, por supuesto, debe recibir la oportunidad de escribir su división de la manera correcta.

(Nota: Este error es más frecuente en aquellos niños que aprendieron el proceso mecánicamente, sin usar materiales concretos. Al hacerlo con material concreto, pueden observar con sus propios ojos y manos que los 8 millares al repartir siguen siendo millares – o sea, el resultado tiene que ser 2 mil y tantos –, y que después se reparten 33 decenas, y que el lugar de las centenas queda vacío.)

El significado de la paternidad

Según el concepto bíblico, Dios dio un significado muy especial a la paternidad. Dios mismo se hace llamar "Padre". Entonces, toda paternidad es (o debería ser) un reflejo de lo que Dios mismo es. Ya muy al principio dice: "Y Dios creó al hombre a su imagen (...), varón y mujer los creó." (Génesis 1:27). Esta "imagen de Dios" se manifiesta más que todo en la relación de un padre y una madre con sus hijos.

Y en el Nuevo Testamento dice: **"Por eso doblo mis rodillas ante el Padre de nuestro Señor Jesús el Cristo, desde quien es nombrado toda paternidad en los cielos y en la tierra (...)"** (Efesios 3:14-15). *(Algunas traducciones de la Biblia tienen en vez de "paternidad" alguna otra expresión como p.ej. "familia"; pero la traducción más literal es "paternidad".)* Aquí se afirma nuevamente que Dios es el inventor de la paternidad, y un padre en la tierra se puede llamar así, solamente porque Dios mismo es Padre.

De ahí vemos que la paternidad es mucho más que proveer alimento y educación para los niños. Un padre y una madre tienen la sublime responsabilidad de ser representantes y reflejos de Dios ante sus hijos – más todavía el padre, como "cabeza del hogar". Según el diseño de Dios, los padres reflejan en su familia el amor de Dios, la justicia de Dios, la provisión de Dios, la sabiduría de Dios ... Donde esto funciona, la familia está bien, y los niños tendrán más facilidad de encontrar el acceso a Dios mismo. Pero en una familia donde los padres no reflejan el carácter de Dios, difícilmente habrá armonía; y para los niños será mucho más difícil confiar en Dios.

Respecto a la matemática, hemos visto en capítulos anteriores que la matemática es una forma de la ley de Dios: es una parte de Sus decretos que hacen funcionar el universo. Por tanto, en el contexto de la enseñanza de la matemática, una función muy importante de los padres consiste en establecer normas para el hogar y velar por su cumplimiento. Así reflejan el carácter de Dios como legislador y "ordenador" del universo. Dios no gobierna de manera arbitraria. Él dio mandamientos y leyes a Su pueblo, para definir de antemano los criterios del bien y del mal.

Esto es un ejemplo para el "gobierno" del hogar: Los padres no deben mandar y "gobernar" según su antojo; debe haber normas. Estas normas deben estar de acuerdo con las normas que Dios mismo estableció. Y aun Dios mismo no nos da mandamientos arbitrarios. Sus mandamientos siempre son consistentes con Su carácter: El nos ordena amarnos unos a otros porque Él mismo es amor. Nos ordena tratarnos con justicia porque Él mismo es justo. Nos manda decir la verdad porque Él mismo es veraz, no miente, y cumple su palabra. Así también los padres deben cumplir ellos mismos las normas de su hogar.

Además, a medida que los niños crecen, un padre sabio los involucrará a ellos en el proceso de establecer y hacer cumplir las normas. Muchos aspectos de la convivencia en el hogar no son absolutos y se pueden normar en acuerdo mutuo: a qué hora dormir y levantarse; cuándo y dónde se puede jugar; qué responsabilidad tiene cada uno en los quehaceres del hogar, etc.

Hay muchas formas posibles de establecer y hacer cumplir las normas del hogar; así como hay también muchas formas de mantener el orden en las pertenencias de cada uno. Lo importante es que haya normas y que haya un orden. No solamente porque eso corresponde al carácter de Dios quien creó un universo ordenado y una sociedad humana ordenada. El orden del hogar es también el primer fundamento para el entendimiento de la matemática. Es que la matemática está basada en la aplicación consecuente de sus leyes, y en el orden. Niños que crecen en un hogar desordenado y sin normas, donde nadie tiene claro cuáles son sus responsabilidades y sus deberes, y donde los padres dan órdenes arbitrarias – esos niños dificultarán más en el entendimiento de la matemática. En un hogar ordenado, con normas claras, y con padres responsables y cumplidos, los niños ya reciben un primer fundamento para poder entender leyes matemáticas, aun sin que se les hable explícitamente de temas matemáticos.

8. El "trauma matemático"

Un gran número de personas han experimentado la matemática como un tema muy difícil o incluso traumático. La matemática evoca en ellos unos recuerdos de una jungla de símbolos incomprensibles, de exámenes desaprobados y de los castigos subsiguientes... Si usted sufre de un "trauma matemático" debido a sus experiencias escolares, usted no está solo(a).

Tenemos que hablar de este tema para saber cómo enfrentarlo; y para saber cómo evitar que nuestros hijos sufran tales experiencias. En muchos casos, el "trauma matemático" es un problema relacional: la persona encargada de enseñarnos matemática lo hizo sin amor, y por tanto violó uno de los principios fundamentales de una buena educación.

Pero existen otras causas que tienen que ver directamente con los métodos de enseñar matemática; especialmente los métodos que prevalecen en el sistema escolar convencional. Analicemos entonces algunas de estas posibles causas:

Cómo se origina el "trauma matemático"

La enseñanza de temas demasiado avanzados a una edad demasiado temprana.

Padres y profesores ambiciosos a menudo desean que los niños avancen rápidamente en sus conocimientos; entonces los presionan a asimilar conceptos que no están de acuerdo a su edad y su nivel de comprensión. Eso no les hace ningún bien a los niños; al contrario, tiene efectos dañinos.

Uno de esos efectos es que el niño se queda de por vida con la impresión de que "la matemática es difícil; yo no puedo comprender la matemática". Pero eso no es cierto. La matemática le pareció demasiado difícil *porque el niño era demasiado joven al aprenderla*. Si los mismos conceptos se enseñaran al niño dos o tres años más tarde, cuando su cerebro haya madurado lo suficiente, entonces los comprendería con mucha más facilidad.

(Los libros de "Matemática activa" contienen más información acerca del desarrollo del pensamiento matemático en los niños.)

Castigos por no entender.

El niño que es castigado por "no entender", se siente culpable por ello y piensa: "Soy un niño tonto y malo." Pero ¡el "no entender" no es ninguna culpa del niño! Eso no es pereza y tampoco es maldad. Mas bien es una señal de que el educador está sobrecargando al niño, no está respetando su ritmo de desarrollo, o está usando un lenguaje que los niños no pueden comprender. Si un niño no comprende, es el educador quien debe corregirse.

Métodos demasiado abstractos de enseñanza.

Los niños de primaria todavía no piensan de manera abstracta. Enseñarles definiciones abstractas o hacerles manipular símbolos que no pueden asociar con experiencias concretas, es como si los hiciéramos memorizar palabras en chino: En vez de hacer entender, produce confusión.

Memorización de conocimientos aislados.

En la matemática, los datos, propiedades, reglas y procedimientos no tienen sentido cuando se presentan aislados los unos de los otros. Por eso, los niños que fueron enseñados de esta manera memorística, están confundidos. (Una enseñanza *basada en principios* enmienda este error. Hablaremos de esto más abajo.)

Podríamos mencionar más ejemplos, pero estos sean suficientes para ilustrar lo que quiero decir: El "trauma matemático" no es un defecto del niño, ni es culpa de la matemática. Es producto de una *enseñanza inadecuada* de la matemática.

Entonces, para toda persona afectada por este problema, un primer paso para superarlo puede ser este pensamiento: Si estuve "mal en matemática", no es porque yo fuera incapaz. Tampoco es porque la matemática fuera algo horrible. Por tanto, *un nuevo comienzo es posible*.

Empoderados a hacer matemática

Pensar matemáticamente es una función fundamental de la mente humana. Por principio, toda persona humana fue dotada por Dios con la capacidad de pensar matemáticamente. Entonces, ¡atrévase a hacerlo! Comience con temas elementales como los que se presentan en los libros de Primaria de la serie "Matemática activa". Haga las actividades concretas junto con sus niños, y sea creativo: Intente descubrir nuevas maneras de hacerlo. Observe el "comportamiento" de los números o de los objetos, e intente descubrir patrones, regularidades, propiedades nuevas.

No se deje limitar por los procedimientos preestablecidos de un libro escolar. *(La serie "Matemática activa" sugiere varias opciones de cómo se puede hacer, para la mayoría de las operaciones y problemas. Así, ustedes pueden escoger la forma más conveniente o la más entendible ... o pueden inventar su propio método.)*

Tome tiempo para probar, experimentar, descubrir. No exija resultados inmediatos – ni de los niños ni de usted mismo. Tengan paciencia con ustedes mismos, hasta que algo haga "clic" en la mente. Entonces alégrense, celebren el descubrimiento; y después pasen al siguiente desafío.

Pónganse tampoco bajo la presión de tener que "rendir" en un examen. En la matemática, el éxito no se mide por calificaciones en un examen. Se mide por las exploraciones y razonamientos que uno realiza para descubrir algo nuevo, y por el entusiasmo que uno experimenta a lo largo de estos "viajes de exploración". *(Los libros de "Matemática activa" sugieren una forma alternativa de evaluación de los conocimientos, que es individualizada y no requiere exámenes formales.)*

De hecho, el hacer matemática resulta más satisfactorio cuando no nos dejamos limitar por nada y por nadie – ni por el tiempo, ni por las exigencias de un profesor o de un currículo, ni por nuestras propias expectativas acerca de lo que deberíamos alcanzar. Lo único que nos limita son las leyes de la matemática misma. De vez en cuando, estas leyes nos harán ver que alguno de nuestros razonamientos fue equivocado, o que algún procedimiento que intentamos no nos va a llevar a la solución que buscamos.

Los procedimientos escolares, en cambio, son como los "tradiciones y mandamientos de los hombres" (vea Mateo 15:1-9). A veces son útiles; pero no debemos dejarnos esclavizar por ellos.

Atrévase a hacer matemática de manera "infantil"

Si usted está acostumbrado(a) a las formas escolares de enseñar matemática, algunos métodos de la matemática activa pueden parecerle demasiado "infantiles". ¿De verdad se puede aprender matemática como si fuera un juego?

– Sí, la matemática es efectivamente algo como un juego de la mente. Un juego es una actividad que sigue determinadas reglas, pero que permite aplicar ideas nuevas y estrategias propias dentro del marco de estas reglas; y que no necesita tener ninguna relación con la "vida real" (aunque a veces la tiene). Todo eso se aplica a la matemática. Por eso, hay un lado de la matemática que congenia muy bien con el deseo de los niños de jugar.

En este camino quizás encontramos que nosotros mismos, los padres o profesores, hemos "desaprendido" el jugar y nos sentimos un poco incómodos. ¿Será porque hemos perdido el contacto con nuestra propia niñez? Aprovechemos la oportunidad de volver a establecer este contacto, y de aprender nuevamente a jugar, juntos con nuestros niños. Si quiero comprender a los niños, tengo que reconciliarme con el niño que yo mismo una vez fui. (Mateo 18:3-5)

Reconcíliese con el niño que usted fue[3]

Este tema no tiene relación directa con la matemática. Lo incluyo aquí porque creo que es un tema esencial para poder relacionarnos bien con los niños. Y eso a su vez es un prerrequisito para poder enseñarles bien.

---
3) En algunos puntos de esta sección estoy siguiendo ideas de Bruce Thompson, "The Divine Plumbline".

Algunos adultos, al pensar en su niñez, espontáneamente se identifican con los adultos quienes los educaron; y aun si sus padres y profesores los humillaron y maltrataron, dicen: "Yo he salido bien, y voy a educar a mis hijos y alumnos de la misma manera." Pero ya no pueden recordar cómo se sentían ellos de niños cuando fueron maltratados; ni pueden recordar sus deseos y ambiciones de niños, sus juegos o pasatiempos favoritos – o sea, ya no pueden conectarse con el niño que ellos una vez fueron.

Si esto sucede, eso indica que inconscientemente han reprimido los recuerdos de su niñez; un mecanismo psicológico que entra en acción para evitar que nos quedemos abrumados por recuerdos demasiado dolorosos. Pero este mecanismo que protege el bienestar emocional de la persona afectada, a la vez impide que pueda comprender a los niños. Para poder edificar una relación sana y de confianza con los niños, es necesario poder ver nuestra propia niñez desde la perspectiva del niño que fuimos, y volver a identificarnos con este nuestro "yo infantil". Tenemos que arrepentirnos y "volver a ser como niños". Eso puede implicar enfrentarnos con recuerdos dolorosos, y buscar sanidad para esas heridas del pasado.

Ahora, este enfrentamiento con los recuerdos del pasado puede ser una cosa arriesgada. No es recomendable hacerlo "a la fuerza" (como en las así llamadas "terapias de regresión"). Cuando los recuerdos reprimidos salen a la luz, y esos recuerdos están asociados con dolor y sufrimiento, uno vuelve a sufrir nuevamente el mismo dolor. El olvido fue nuestra protección psicológica contra este dolor. Si queremos sacar los recuerdos de su olvido para tratar con ellos, entonces tenemos que asegurarnos de contar con otro tipo de protección, igual de buena o mejor, para mantener nuestra salud emocional. Y necesitamos la confianza de que seremos sanados del dolor de esos recuerdos.

Como cristianos podemos encontrar esta protección y esta sanidad en Dios:

> "Él es quien perdona todas tus iniquidades,
> el que sana todas tus dolencias;
> el que rescata del hoyo tu vida,
> el que te corona de favores y misericordias ..."
> *(Salmo 103:3-4)*

> "Él sana a los quebrantados de corazón,
> y venda sus heridas."
> *(Salmo 147:3)*

> *(Acerca de Jesús):* "...me ungió el Señor; me ha enviado a anunciar buenas nuevas a los abatidos, a vendar a los quebrantados de corazón, a publicar libertad a los cautivos, (...) a consolar a todos los enlutados; a ordenar a los enlutados de Sión para darles gloria en lugar de ceniza, óleo de gozo en lugar del luto, manto de alegría en lugar del espíritu angustiado; y serán llamados árboles de justicia, plantación del Señor, para gloria suya." *(Isaías 61:1-3)*

> "...porque el Cordero que está en medio del trono los pasteará, y los guiará a fuentes de aguas de vida; y Dios enjugará toda lágrima de los ojos de ellos." *(Apocalipsis 7:17)*

Más exactamente, podemos contar con esta sanidad por causa de la sangre de Jesús que Él derramó en la cruz. Él dio Su vida en primer lugar para salvar y liberarnos del pecado; pero eso incluye también la liberación de ciertas dolencias. Mientras estuvo en la tierra, Jesús sanaba enfermedades físicas, "para que se cumpliese lo dicho por el profeta Isaías: Él mismo tomó nuestras enfermedades, y cargó nuestras dolencias." (Mateo 8:17). La cita de Isaías (53:4) se refiere al sacrificio voluntario de Jesús por nosotros. Y como hemos visto en las citas anteriores, Él quiere sanar no solamente enfermedades físicas. También quiere sanar y consolar a los "quebrantados de corazón", y "enjugar toda lágrima".

Desde esta perspectiva, la sanidad de los recuerdos es más que un proceso psicológico. Es una restauración de la personalidad, para que seamos las personas que Dios quiere que seamos. Usted puede experimentar esta restauración, si usted ...

... sabe que pertenece a Dios y está de Su lado, por causa del sacrificio perfecto de Su Hijo Jesucristo.

... reconoce que fue maltratado y lastimado en el pasado, y que su alma sigue herida a causa de eso, y que necesita la sanidad que Dios ofrece.

... reconoce que ante Dios usted no es más que un(a) niño(a), y está dispuesto(a) a humillarse y a volver a ser como un niño, y a reconectarse y reconciliarse con el niño que usted una vez fue.

... está dispuesto(a) a enfrentarse con la realidad de su pasado, confiando en Dios que Él le consuela y sana.

Si usted se identifica con lo dicho, entonces las siguientes sugerencias le podrán ayudar a acercarse a Dios y recibir Su ayuda:

Pida a Dios que Él le revele la raíz de sus heridas. Eso puede incluir situaciones de maltrato, de incomprensión, de abandono, por parte de otras personas; pero también la ira, la amargura, o la falta de perdón, con la que usted mismo(a) reaccionó a esas situaciones. – No necesitamos escarbar nuestro pasado entero. Deje que Dios le revele lo necesario; las situaciones que necesita tratar ahora; y Él lo hará. Dios lo sabe todo y estuvo presente en cada momento (Salmo 56:8, 139:16). Él sabe también qué es lo que usted necesita ahora recordar.

Pida al Señor que Él le consuele y sane, según las promesas que hemos citado más arriba. Confíe en que Él es fiel y hará Su obra de restauración. "Eche toda su ansiedad sobre él" (1 Pedro 5:7). Confíe en que Él mismo cargó sus dolencias cuando murió en la cruz. – Puede ser que en este punto usted experimente dudas, desconfianza, o aun reproche contra Dios: "¿Por qué permitió que me pase todo eso?" Reconozca que Dios no se equivoca. Todo lo que pasa en nuestra vida, aun nuestros sufrimientos, es ordenado por Él para un propósito bueno. "Y sabemos que a los que aman a Dios, todo colabora para bien, a los que son llamados según su propósito." (Romanos 8:28) El sacrificio de Jesús es la mayor demostración del amor de Dios por nosotros, y de cuánto Él está dispuesto a pagar por nuestra redención. "El que ni siquiera ahorró a su propio Hijo, sino que lo entregó por nosotros todos, ¿cómo no nos regalará todo junto con él?" (Romanos 8:32) Confíe en que Su amor está allí para usted.

Decida ponerse del lado del niño que usted fue, y del lado de los niños que usted está educando ahora. Decida desde ahora "recibirlos" con el amor que Dios derrama en su corazón. (Vea 1 Juan 4:7-11.) – "Ponerse del lado del niño" no significa que usted se ponga en contra de sus padres, profesores, u otras personas que le hicieron sufrir en el pasado. Al contrario: Es probable que hasta hoy usted repite los errores de ellos, porque nunca llegó a perdonarles. El perdón es posible solamente cuando usted vive en la seguridad de que Jesús le perdonó a usted, sana sus heridas, y restaura los daños del pasado. Perdonar no significa pretender que "no pasó nada". Significa reconocer todos los daños que usted sufrió; y entonces decidirse conscientemente a *no "cobrar" a los culpables por estos daños*, porque usted confía en que Dios ya obró la restauración necesaria.

Probablemente usted también tendrá que arrepentirse y pedir perdón por sus reacciones pecaminosas y actitudes dañinas que surgieron de las heridas sufridas. Quizás usted se da cuenta de que aun en el presente actúa mal contra sus propios hijos u otros niños, y piensa que es porque está reaccionando contra ellos; pero puede ser que en el fondo usted está reaccionando contra las personas quienes le maltrataron en el pasado. Pero ahora que usted sabe y experimentó que Jesús llevó sus heridas en la cruz, usted puede también dejar en la cruz sus reacciones de ira, de impotencia, de venganza, y todo lo que usted identifica como reacciones pecaminosas en su propia vida.

Puede ser beneficioso que usted no tenga que pasar por este proceso a solas ante Dios, sino acompañado por un(a) amigo(a) cristiano(a) de confianza quien puede ayudarle y orar por usted. Pero es importante que sea realmente una persona de confianza y que no divulgará sus asuntos personales, ni saque provecho de ello, porque es probable que en este proceso usted tendrá que sacar a la luz unos detalles muy personales y delicados de su vida. Por el otro lado, "si caminamos en la luz, como él está en la luz, tenemos comunión unos con otros, y la sangre de Jesucristo su Hijo nos limpia de todo pecado" (1 Juan 1:7).

9. Principios de una matemática activa

En la serie "Matemática activa" propongo cuatro principios para una pedagogía de la matemática que incentiva un aprendizaje activo. Algunos de estos principios han sido propuestos y practicados desde hace tiempo por psicólogos del desarrollo, neurólogos, y educadores y escuelas que usan métodos activos.[4] Por el otro lado, estos principios son perfectamente compatibles con una pedagogía de acuerdo a la palabra de Dios, y corresponden a los principios bíblicos, más que los métodos escolares tradicionales.

Deseo aquí repetir estos principios, y añadir un poco más de fundamentación bíblica.

> *1. Aprender matemática* **con la actividad propia y con operaciones concretas.**

"Pero sean hacedores de la palabra y no solamente oidores, con lo cual se engañarían a ustedes mismos (en el cálculo)[5]" (Santiago 1:22)

Esta es la diferencia fundamental entre "matemática activa" y "matemática pasiva". La matemática escolar tradicional es mayormente "pasiva": El niño tiene que asimilar pasivamente las instrucciones del profesor; después tiene que ejecutar estas instrucciones mecánicamente al resolver ejercicios rutinarios. Todo eso lo hace sentado pasivamente, casi sin movimiento físico alguno.

En la Biblia, el "hacer" es más importante que el "decir" o el "oír". Las virtudes que marcan un carácter agradable a Dios, tales como fe, amor, misericordia, justicia, etc, todas se expresan en *acciones*. Los discípulos de Jesús no aprendieron simplemente escuchando o haciendo apuntes: Aprendieron de él mientras caminaban con él, comían con él, le ayudaban, y se dejaron enviar y desafiar por él: "Y yendo, heraldeen: '¡El reino de los cielos se ha acercado!' ¡Sanen enfermos, levanten muertos, limpien leprosos, echen fuera demonios!" (Mateo 10:7-8) Ellos aprendieron *haciendo*.

Así también la matemática se aprende más fácilmente "haciendo cosas": aprovechando de las oportunidades educativas que se dan con los quehaceres diarios del hogar; manipulando bloques de madera, semillas, un ábaco, y otros materiales; haciendo juegos movidos relacionados con principios matemáticos; etc.

---

4) Por ejemplo Jean Piaget, Rebeca Wild, María Montessori, y otros.

5) La palabra griega original en este pasaje significa literalmente "calcular falsamente (para engañar a alguien)".

2. Aprender matemática **según las necesidades del niño, y su nivel de desarrollo.**

"Ustedes, padres, no provoquen a vuestros hijos, para que no se desanimen."
(Colosenses 3:21)

Si exigimos de los niños un rendimiento que no es adecuado a su edad y su nivel de desarrollo, los "provocamos" y los desanimamos. Hoy en día, los sistemas escolares en muchos países quieren acelerar artificialmente a los niños, enseñándoles cada vez más contenidos a una edad cada vez más temprana. Y muchos padres apoyan esta carrera por llenar a los niños con conocimientos en tiempo récord. En consecuencia, muchos niños en edad escolar sufren desánimo, estrés, agotamiento, depresiones, y muchos otros problemas psíquicos y hasta enfermedades físicas. Además tienen dificultad de comprender los temas avanzados más adelante, porque no se le dio tiempo a su cerebro para desarrollarse de una manera sana.[6]

Ya hemos visto más arriba que nosotros, los adultos, tenemos que "volvernos como niños", y no exigir que los niños se adapten a nuestra manera adulta de pensar. En la enseñanza de la matemática, esto significa permitir que los niños aprendan temas adecuados a su manera infantil de pensar, de una manera adecuada a su manera de ser (por ejemplo en forma práctica o jugando), y explicárselo en un lenguaje que ellos pueden comprender.

Amar a los niños significa no sobrecargarlos con exigencias inadecuadas. Lo que causa confusión, desánimo o agotamiento, es inadecuado, sin importar lo que diga el currículo oficial o el director de la escuela.

(Los libros de "Matemática activa" contienen más información acerca del desarrollo del pensamiento matemático en los niños.)

3. Aprender matemática **basada en principios.**

"El Señor fundó la tierra con sabiduría; afirmó los cielos con inteligencia."
(Proverbios de Salomón, 3:19)

El sistema tradicional se enfoca mayormente en los *procedimientos*, o sea en el "cómo" se hace: "Este número se escribe aquí, este se suma con este, y este se escribe aquí ..." Los alumnos reproducen los procedimientos de manera mecánica, sin razonar. Desde el punto de vista de la matemática profesional, eso no es matemática; es solamente una "técnica para calcular".

---

6) Muchos datos de investigación al respecto se pueden encontrar en Moore (1995).

9. Principios de una matemática activa

El sistema tradicional enfatiza también la memorización de propiedades matemáticas, como "trozos de conocimiento" desconectados entre sí. Eso tampoco es matemática en su sentido propio.

La matemática verdadera se enfoca en el **"por qué"** de las propiedades matemáticas. Mientras el sistema tradicional hace memorizar a los alumnos que "los números divisibles entre 5 terminan con 0 ó con 5", la matemática activa les permite descubrir esta propiedad por observación propia; y después se interesa en saber **por qué** eso es así, y cómo se relaciona esta propiedad con otras reglas de divisibilidad, y qué otras aplicaciones tiene el principio que está detrás de esa propiedad. *(Vea Capítulo 15, "La matemática como ciencia de los fundamentos o principios".)*

Toda la gran variedad de propiedades matemáticas se puede deducir desde relativamente pocos principios fundamentales. Una vez que un alumno entiende estos principios y se ha acostumbrado a razonar, puede construir desde allí una gran parte de la matemática por sí mismo. Los procedimientos escolares se pueden aplicar solamente a aquellos casos especiales para los cuales fueron creados. Un principio universal, en cambio, tiene muchas aplicaciones. Por ejemplo, si un alumno ha entendido los principios de las cuatro operaciones básicas, ya tiene las herramientas necesarias para descubrir todas las reglas de divisibilidad por sí mismo. (Algunos de estos principios son por ejemplo: El significado de la suma y de la multiplicación; las leyes conmutativa, asociativa y distributiva; el principio de la operación inversa; y algunos otros.)

Un alumno que ha entendido el principio de la conmutatividad, lo puede aplicar a toda clase de operaciones. Pero un alumno enseñado según los métodos tradicionales tiene que aprender la ley conmutativa por lo menos diez veces: Primero para la suma horizontal, después para la suma vertical. (Pueden pasar varios años hasta que se dé cuenta de que la suma horizontal y vertical son exactamente lo mismo.) Después, cuando aprende fracciones, tiene que aprender también "la propiedad conmutativa de la suma de fracciones". Después tiene que aprenderla nuevamente para los números irracionales, y finalmente (si no se desanima antes de llegar a este nivel) para los números complejos. Y además, todo lo mencionado también para la multiplicación.

En cambio, el alumno que entiende principios, puede aplicar por sí mismo la ley conmutativa a toda clase de sumas y multiplicaciones. También puede entender la conmutatividad de sumas y restas combinadas (p.ej. $13 + 9 - 3 = 13 - 3 + 9$), y de multiplicaciones y divisiones combinadas (p.ej. $60 \times 13 \div 5 = 60 \div 5 \times 13$), y lo aprenderá sin dificultad, porque podrá ver estos casos como variaciones de un mismo principio que ya entiende. Si es inteligente, podrá incluso descubrir por sí mismo por qué la potencia no es conmutativa.

Los principios matemáticos permiten también comprender las relaciones y conexiones entre temas distintos, no como en la enseñanza tradicional donde cada tema queda como un trozo suelto y aislado. Una enseñanza basada en principios hace entender p.ej. que la multiplicación y división larga se basa en la ley distributiva; que la simplificación de fracciones se basa en el MCD (máximo común divisor); y que el denominador común de varias fracciones es el MCM (mínimo común múltiplo).

Entendiendo estas interrelaciones, los alumnos ya no tendrán necesidad de memorizar todas las propiedades matemáticas una por una. También entenderán el **por qué** de los procedimientos, y esos procedimientos adquieren sentido para ellos, y entonces serán mucho más fáciles de aprender. Los principios matemáticos permiten al alumno aun desarrollar sus propios procedimientos. Así podrán incluso desarrollar su creatividad en la matemática.

En eso, la matemática es distinta de todas las otras ciencias o campos del saber: En geografía o en historia, por ejemplo, dependemos de fuentes de información: Libros, profesores, viajeros ... Si vivo lejos de México y quiero saber cuáles son los principales ríos de México, no tengo posibilidad de saberlo sin que alguien me lo diga, o sin que lo pueda leer en un libro o en una página de internet. Pero las verdades de la matemática son absolutas, universales, y accesibles a todo ser humano tan sólo por medio de su razonamiento. Lo único que se requiere es entender los principios fundamentales, y saber aplicarlos de manera lógica y consecuente.

La matemática activa invierte entonces mucho más tiempo en actividades que ayudan a entender los *principios*, y no se apura a enseñar procedimientos mecánicos. Los alumnos probablemente aprenderán los procedimientos más tarde que los alumnos del sistema tradicional; pero los aprenderán *con entendimiento*, y así tendrán una ventaja más adelante cuando la matemática se vuelve más compleja.

Todo eso es una manera muy bíblica de aprender y razonar. Dios espera de nosotros que nuestros pensamientos y acciones sean fundamentados sobre *principios* espirituales. Uno de estos principios es por ejemplo la "regla de oro" enunciada en Mateo 7:12: "Todo lo que ustedes quieren que les hagan los hombres, así háganles también ustedes; porque esto es la ley y los profetas." Con una regla fundamental como esta, ya no necesitamos instrucciones sofisticadas para cada situación de la vida.

Los fariseos enseñaban a sus discípulos muchos "mandamientos de hombres", reglamentando hasta el procedimiento de lavarse las manos antes de comer; pero dejaban de un lado lo más importante de la ley: la justicia, la misericordia y la fe (Mateo 23:23). Jesús, en cambio, enseñaba a Sus discípulos a entrar en una relación correcta con Dios, con un corazón puro, y desde allí fluía todo lo demás.

En este respecto, los métodos escolares tradicionales son como la enseñanza de los fariseos, y el aprendizaje por principios es como la enseñanza de Jesús. Solamente que en la matemática, los principios se aplican mediante el razonamiento; mientras que en la vida con Jesús, los principios se aplican mediante la dirección del Espíritu Santo quien enseña y capacita a cada cristiano verdadero. (Vea Jeremías 31:33-34, Romanos 8:7-10, 1 Juan 2:27).

4. Aprender matemática por investigación propia.

"Gloria de Dios es encubrir un asunto; pero honra del rey es escudriñarlo."
(Proverbios de Salomón, 25:2)

Hemos visto que la matemática entera se basa en relativamente pocos principios fundamentales, y razonamiento lógico. O sea, teóricamente sería posible que un alumno reconstruya toda la matemática desde esos principios fundamentales, sin la ayuda de algún profesor o libro.

En la práctica eso es improbable, porque le faltaría tiempo. Por eso siempre habrá necesidad de adelantarnos al razonamiento propio del alumno, demostrándole alguna propiedad matemática que él todavía no conoce. Pero queremos también, tantas veces como sea posible, darle la oportunidad de descubrir cosas nuevas por investigación propia. Queremos mostrar a los niños que la matemática no es una propiedad exclusiva de los profesores o de los libros de texto; es algo que ellos mismos pueden manejar. Queremos animar y empoderar a los niños para que hagan sus propias investigaciones.

Eso también es una manera bíblica de aprender. La Biblia dice que Dios quiere ser buscado: "Busquen al Señor mientras puede encontrarse; llámenle mientras está cerca." (Isaías 55:6.) Dios no se muestra a la vista de todo el mundo; tampoco se impone al que no quiere saber nada de él. Él quiere que lo busquemos activamente. "Gloria de Dios es encubrir un asunto; pero honra del rey es investigarlo." (Proverbios 25:2.) Eso es no solamente para los reyes; porque todos los que pertenecen a Dios, pertenecen a "la familia del Rey".

Así como es necesario buscar para encontrar a Dios, también es necesario buscar e investigar para entender la matemática. También la matemática no quiere ser impuesta; quiere ser descubierta.

Algunos autores han usado Isaías 28:10 para decir que la ciencia (y la matemática) deba enseñarse a manera de un "precepto" que se debe seguir estrictamente sin cuestionar:

"¿A quién se enseñará ciencia, o a quién se hará entender doctrina? ... Porque mandamiento tras mandamiento, mandato sobre mandato, renglón tras renglón, línea sobre línea, un poquito allí, otro poquito allá ..."

Pero quienes dicen eso, no han entendido el versículo en su contexto. Este versículo no es ningún ejemplo de buena pedagogía; al contrario, ¡es un *anuncio del juicio de Dios*! Leamos la continuación:

"... Porque en lengua de tartamudos, y en extraña lengua hablará a este pueblo, a los cuales él dijo: Este es el reposo, den reposo al cansado; y este es el refrigerio; mas no quisieron oír. La palabra, pues, del Señor les será mandamiento tras mandamiento, mandato sobre mandato, renglón tras renglón, línea sobre línea, un poquito allí, otro poquito allá, *que vayan y caigan de espaldas, y sean quebrantados, y enlazados, y presos.*" (Isaías 28:11-13).

¿A quiénes entonces se les enseña a la manera de Isaías 28:10? No a quienes Dios quiere instruir para bien, sino *a los que están bajo el juicio de Dios*; porque esta forma de "enseñanza" les hará "caer y ser quebrantados, enlazados y presos."

Aun mejor entendemos la intención de este pasaje cuando lo leemos en hebreo, porque los versos 10 y 13 están intencionalmente formulados de tal manera que suenan como el lenguaje incomprensible de un tartamudo, o de un borracho: "Tsaw la-tsaw, tsaw la-tsaw, qaw la-qaw, qaw la-qaw ..." Los versículos anteriores hablan de los "ebrios de Efraín", y los que "erraron con el vino". Es a esa clase de personas que Dios habla así.

Esta no es la manera como Dios quiere enseñar a Su pueblo cuando ellos están en una buena relación con Él. Los principios de la matemática, justamente porque son inmutables y universales, son accesibles al entendimiento de toda persona, sin que tenga que seguir meticulosamente un programa de mil pasos diseñado por algún profesor. (Además, como hemos visto anteriormente, la matemática, a diferencia de los mandamientos de Dios, no requiere de ninguna revelación especial para poder conocerla.)

El verificar, evaluar y demostrar hechos no está en contradicción contra la fe. Algunas corrientes religiosas han difundido la idea de que "creer" significa apagar la razón, o seguir ciegamente a unos líderes religiosos. Pero la verdadera fe cristiana no es una fe ciega. El apóstol Pablo nos instruye a "examinar todo, y retener lo bueno" (1 Tesalonicenses 5:21). La verdadera fe cristiana se basa en hechos históricos verificables; más notablemente la muerte y resurrección de Jesús.

Por eso, el libro de los Hechos de los apóstoles menciona que Jesús se presentó vivo a Sus discípulos "con muchas demostraciones indudables" (Hechos 1:3). Es cierto que los hechos históricos no se demuestran de la misma manera como las leyes de la matemática; pero se demuestran por los testimonios escritos de quienes los presenciaron. Por eso Pablo escribe no solamente que Jesús resucitó, sino que menciona también a los testigos de los hechos: "... y que le vieron Cefas (Pedro) y después los doce; después le vieron más de quinientos hermanos de una vez, de los cuales la mayoría siguen con vida hasta ahora, pero algunos también murieron. Después le vio Jacobo, después todos los apóstoles; y como último de todos, (...) yo también le vi." (1 Corintios 15:5-8) Y el evangelista Lucas afirma que escribió su Evangelio después de haber investigado los hechos: "... así como lo contaron los que desde el principio eran testigos oculares y ayudantes de la palabra, me pareció bien también a mí, habiendo seguido todo desde el inicio, escribírtelo exactamente en su orden, muy estimado Teófilo, para que conozcas bien acerca de las palabras seguras en las que fuiste instruido." (Lucas 1:2-4)

La investigación es entonces una parte importante de la fe cristiana, tanto en la historia como en la matemática. Si los teólogos racionalistas han puesto en duda la veracidad de los relatos históricos de la Biblia, no es porque fueran inaccesibles a la investigación; es solamente porque relatan sucesos inusuales y distintos a la experiencia cotidiana de la mayoría de las personas. Pero eso no es ninguna razón en contra de su veracidad. Es justo por lo extraordinario de esos sucesos, que merecieron ser puestos por escrito.

En particular la resurrección de Jesús es una singularidad histórica; o sea un evento como no sucedió nunca antes ni después. Por eso muchas personas lo encuentran difícil de creer. Pero las personas que no creen en Dios, también exigen fe en singularidades históricas. Por ejemplo que el universo se haya formado en un "Big Bang": los mismos científicos que defienden esta teoría, lo describen como una "singularidad". O que el primer organismo vivo haya evolucionado espontáneamente desde la materia inanimada: algo que Luis Pasteur demostró que no sucede; entonces si hubiera sucedido alguna vez, sería una singularidad. Si los científicos respetados de nuestros días creen en tales singularidades, ¿acaso sería absurdo creer en la resurrección de Jesús que es confirmada por múltiples testigos?

Reconozcamos entonces que la fe no está en contra de la investigación científica; y la investigación científica (propiamente hecha) no está en contra de la fe. Dios mismo nos anima a investigar el mundo que Él creó; pero también a evaluar toda investigación si está de acuerdo con la verdad de Dios.

10. Virtudes relacionadas con el aprendizaje de la matemática

El aprendizaje de la matemática brinda oportunidades para entrenarse en diversas virtudes. Estas no vienen automáticamente al aprender matemática. Pero una persona que posee estas virtudes, seguramente tendrá más facilidad de entender la matemática.

Por ejemplo, en la lista más abajo mencionaremos la "honestidad" al cumplir con los principios que uno tiene. Eso no significa que cada matemático necesariamente sea honesto. Hubo también matemáticos deshonestos. (Como Girolamo Cardano, quien publicó un descubrimiento de su colega Tartaglia como si fuera suyo, después de haberle prometido bajo juramento que no iba a divulgar ese descubrimiento que Tartaglia había compartido con él). Pero seguramente la honestidad es una ventaja al aprender y entender la matemática.

Desde una perspectiva bíblica, toda virtud genuina es un reflejo del carácter de Dios. Y si la matemática es una expresión de la mente de Dios, entonces es de esperar que la matemática refleje también algunos aspectos del carácter de Dios. Para un seguidor de Cristo, adquirir virtudes no es un esfuerzo tedioso y moralista. Es mas bien una parte natural del "ser transformados en Su imagen", al "mirar la gloria del Señor" (2 Corintios 3:17-18).

Busquemos oportunidades, en el aprendizaje y en la enseñanza de la matemática, para relacionarla con estas virtudes.

El orden

En la matemática, todo tiene su orden. El orden matemático no se impone por un mandamiento autoritario de un profesor. El orden matemático se revela como necesario, tan pronto como comenzamos a manejar objetos de la matemática: Las operaciones matemáticas nos salen mal si alteramos su orden. Nuestras conclusiones salen mal si confundimos números pares con impares, o números primos con compuestos. El orden en la matemática nos puede enseñar a ser ordenados también en nuestra vida diaria.

El orden es una virtud porque **Dios mismo obra de manera ordenada**. Él creó una creación ordenada, donde todo tiene su lugar, y todo funciona según leyes claramente definidas.

10. Virtudes relacionadas con el aprendizaje de la matemática

Actuar por principios

Los principios matemáticos se cumplen *siempre*. Eso es difícil de entender en la sociedad actual donde mucha gente ya no tiene principios. Se considera normal (¡aun entre personas que se llaman cristianos!) desobedecer las leyes del estado o de Dios, cuando se puede hacerlo sin ser descubierto. Se considera normal hacer un trabajo de mala calidad cuando el jefe no lo controla. Mucha gente estaría de acuerdo con que normalmente "hay que decir la verdad"; pero mienten para salirse de un problema, para proteger a su mejor amigo, o aun para dar una buena impresión de su iglesia. Existen muy, muy pocas personas que *por principio* dicen la verdad.

Quien fue criado en una sociedad así, tendrá dificultades de entender por qué en la matemática no puede pasar por alto las leyes de los signos, "solamente por esta vez", "porque me da la gana" y "nadie está mirando". Tendrá dificultades de entender que una ley que aprendió en el contexto de los números naturales, vale de la misma manera para números negativos, para fracciones y para variables algebraicas; pensará que se trata cada vez de una ley nueva y diferente. Tendrá dificultades de entender que las leyes de la matemática no son caprichos de un profesor; que son necesidades lógicas que siguen existiendo por sí mismas, independientemente de quién las enseña.

Pero quien llegó a entender la naturaleza de los principios matemáticos, puede desde este trasfondo también llegar a entender lo que son principios morales y éticos. Por ejemplo si es un principio "decir la verdad", que eso aplica aun cuando es en perjuicio mío o de la organización que represento. Si es un principio "ser honesto con el dinero", que eso aplica aun cuando otra persona se equivoca y por ejemplo el cajero me da más cambio de lo que debía darme. Así la matemática nos puede enseñar a ser **consecuentes** con los principios y valores.

Eso implica también la **honestidad**: Ante la matemática no puedo aparentar ser otro que el que soy. A la matemática no se le puede mentir, ni se la puede sobornar. (Quizás se puede sobornar al profesor ... pero eso no hace que un razonamiento equivocado se convierta en uno correcto.) Recordemos que así como no podemos escapar de las necesidades lógicas de la matemática, tampoco podemos escapar de los principios de Dios que gobiernan el mundo. Aunque podemos engañar a hombres, pero no podemos engañar a Dios. Quebrantar Sus principios, aunque sea en el nombre de la religión o de la iglesia, siempre recaerá sobre nosotros mismos.

Aplicar principios requiere también **obediencia**. Pero no una obediencia ciega hacia órdenes arbitrarias; mas bien una obediencia hacia principios superiores, comprendiendo también *por qué* es bueno obedecer. Y esta clase de obediencia, al final de cuentas trae **libertad**: En la matemática no soy obligado a hacer algo de determinada manera, solamente "porque el profesor dice". Son *principios superiores*, independientes de la persona del profesor, que me obligan a hacer lo correcto en la matemática. Así como la obediencia hacia Dios no es la obediencia hacia las órdenes de ciertas personas; es obediencia hacia principios superiores dados por Dios mismo.

Así la matemática nos enseña también que *un principio superior anula un principio de rango inferior.* Por ejemplo, los niños aprenden que el valor de un número aumenta cuando le sumamos algo. Pero cuando son mayores, tienen que aprender que si a un número le sumo un número negativo, su valor disminuye; entonces el principio más general de la adición debe ser otro.

De manera similar, es un principio de Dios que en el caso normal se debe obedecer a las autoridades; pero hay un principio superior que dice: "Es necesario obedecer a Dios antes que a los hombres" (Hechos 5:29). No permitamos que un principio de rango inferior desvíe nuestra mirada de los principios superiores.

Como "ciencia de los principios" *(vea Capítulo 15)*, la matemática refleja el carácter de Dios quien es **cumplido, consecuente, veraz,** y **digno de confianza**. Así como los principios matemáticos se cumplen siempre, Dios cumple Sus promesas. Él no cambia Sus opiniones de un día al otro. Podemos confiar en que Él seguirá siendo el mismo; no quebranta Sus principios ni nos abandona.

Diligencia

No se sabe con certeza a quién se remonta la siguiente historia; se cuenta de Euclides y el rey Tolomeo, y también de Menecmo, uno de los profesores de Alejandro Magno. El rey preguntó a su instructor si no existía una manera más fácil de aprender geometría, en vez de pasar por todos estos razonamientos y demostraciones largas. El maestro respondió: "Majestad, no existe ningún camino real hacia la geometría; es el mismo camino para todos." (En los tiempos antiguos existían caminos para el uso del pueblo común, y unos cuantos "caminos reales", mejores que los comunes, para el uso exclusivo del rey y su séquito.)

No se puede aprender matemática sin diligencia. Solamente hay que ser sabios en la manera cómo aplicar nuestra diligencia. Euclides, según el diseño de sus "Elementos", exige diligencia para seguir los razonamientos, y para entender cómo cada ley matemática se fundamenta lógicamente sobre las anteriores. Esta manera de estudio diligente lleva al entendimiento del *por qué* de las leyes matemáticas.

Hacer investigaciones matemáticas propias también requiere diligencia, aun más que el método de Euclides, y además perseverancia, hasta descubrir un camino hacia la solución. Este método también lleva a un entendimiento profundo de las leyes matemáticas descubiertas.

El sistema escolar tradicional, en cambio, requiere diligencia solamente para memorizar fórmulas y procedimientos, y aplicarlos mecánicamente. Eso es un intento de crear algo como un "camino real" hacia la matemática: un camino que permite evitar todos esos razonamientos y fundamentaciones lógicas. Se presentan solamente las aplicaciones, pero se omiten los principios y leyes que fundamentan esas aplicaciones. Así el alumno no llega al entendimiento del *por*

10. Virtudes relacionadas con el aprendizaje de la matemática

qué, y la matemática sigue siendo misteriosa para él, aunque domine todos los detalles técnicos de los procedimientos.

Usemos nuestra diligencia para razonar y para averiguar el *por qué*, y así llegaremos a un entendimiento verdadero. La serie de libros de "Matemática activa" hace un esfuerzo de explicar siempre el *por qué* de los principios y procedimientos que se introducen.

Exactitud y precisión

La matemática es la ciencia que requiere la máxima precisión. En las ciencias naturales como por ejemplo la física, la precisión requerida es limitada por las posibilidades de las herramientas y de los instrumentos de medición.

Para casi todos los propósitos prácticos podemos calcular como si $\pi = 3.1416$, o quizás 3.141593. Pero para el matemático, aun decir que $\pi = 3.14159265358979323846264338327950$ todavía no es exacto; es solamente una aproximación, y el valor exacto se podría expresar solamente con una infinidad de cifras (o con el límite de una serie infinita).

Un alumno de secundaria que ve por primera vez una ecuación como $x^2 = 9$, dirá que la solución es $x = 3$. Pero el profesor tendrá que explicarle que esta respuesta es incompleta, porque $(-3)^2$ también es 9, y por tanto existe una segunda solución, $x = -3$. Para el matemático, un problema no está resuelto hasta que se hayan encontrado *todas* sus soluciones, y hasta que esté demostrado que no existen otras.

El siguiente cuento ilustra bien este afán de los matemáticos por la exactitud:

Un ingeniero, un físico y un matemático están de vacaciones en una casa de campo en Escocia. El ingeniero dice: "Según sé, todas las ovejas escocesas son blancas." – El físico responde: "Habría que verificar eso." Sale afuera, y después de veinte minutos regresa: "He visto 58 ovejas blancas y ninguna negra. Podemos afirmar con bastante seguridad que sí, todas las ovejas escocesas son blancas." – El matemático dice: "Eso no me satisface." Sale afuera ... y regresa cuatro horas más tarde, mostrando en su celular una foto de una oveja negra: "Aquí está la prueba. En Escocia existe *por lo menos una oveja* que es negra *por lo menos por un lado*."

Humor aparte, la precisión es importante en diversas actividades. Pensemos por ejemplo en el trabajo de un cirujano o dentista; en los músicos de una orquesta; o en un piloto que tiene que aterrizar en medio de la neblina.

La precisión es también una característica de Dios. "Cuando vino el cumplimiento del tiempo, Dios envió a su Hijo ..." (Gálatas 4:4), en el momento preciso, ni antes ni después. – "Pero también los cabellos de su cabeza son todos contados" (Lucas 12:7). – "... un endurecimiento parcial sucedió a Israel, hasta que la plenitud de las naciones haya entrado" (el número completo, ni uno más ni uno menos), "y así todo Israel será salvo ..." (Romanos 11:25-26).

Iniciativa, creatividad y perseverancia en la investigación

Al hacer nuestras propias investigaciones matemáticas, entrenamos todas estas cualidades. Necesitamos tomar la iniciativa para plantear un problema, coleccionar ejemplos, decidirnos a tomar una u otra ruta para acercarnos a una solución... Necesitamos creatividad para encontrar operaciones o transformaciones novedosas que podemos aplicar a nuestros objetos de investigación; para relacionar un tema matemático con otro; para encontrar nuevos planteamientos de un problema... Y necesitamos perseverancia para no rendirnos si los primeros intentos no producen ninguna solución.

Estas mismas virtudes son necesarias también para vivir como seguidores de Jesús. "Hagan negocios hasta que yo vuelva", dice el patrón a sus siervos en la parábola (Lucas 19:13). No les da más instrucciones; todo lo demás depende de su iniciativa y creatividad. – "El que *persevere* hasta el fin, este será salvo", dice el Señor (Mateo 10:22, 24:13).

Como humanos, todos tenemos creatividad, porque somos creados según la imagen de Dios, el Creador. Así que todos participamos de la creatividad que Dios mismo aplicó al crear el mundo. La matemática es un reflejo de la **creatividad de Dios**.

Buena administración de la creación de Dios

Dios mandó a los primeros hombres "cuidar y cultivar la tierra" (Génesis 2:15). Así también todos nosotros tenemos un mandato de administrar y cuidar la creación de Dios, de investigar y desarrollarla, y de usar sus recursos de manera responsable y para propósitos buenos. Para todo eso se necesitan conocimientos matemáticos.

Los hombres usaban la matemática desde el inicio para mantener la cuenta del paso del tiempo, y para observar los recorridos de los astros. Y seguramente la usaban también para administrar y alimentar a su ganado, para cultivar plantas, para construir casas, para hacer negocios, y para muchos otros trabajos de su vida diaria.

La matemática fue y es esencial para el desarrollo de muchas innovaciones científicas y tecnológicas. A menudo no estamos conscientes de cuánto ingenio – ¡y matemática! – fue necesario para producir las comodidades que usamos a diario: la luz eléctrica, el automóvil, el teléfono, la computadora...
Sin embargo, los conocimientos matemáticos y científicos deben ir de la mano con principios éticos fundamentados en la palabra de Dios. De otro modo, la tecnología se vuelve en contra del hombre y de la creación. Recordemos los remordimientos de Einstein, cuando él se dio cuenta de que sus descubrimientos acerca de la energía nuclear fueron usados para construir la bomba atómica. Veamos las devastaciones que ha causado la explotación minera y forestal desconsiderada en muchos países. Pensemos en los efectos – todavía

impredecibles – que la manipulación genética irresponsable podrá tener sobre todos los seres vivos, y particularmente si se aplica a personas humanas. Vemos en estos ejemplos que los conocimientos matemáticos y científicos por sí mismos no son suficientes para aprender a ser responsables en la administración de la creación. En este campo, la formación matemática debe complementarse con una orientación ética y moral según los principios de Dios, para que también su *aplicación* honre al Creador.

Por otro lado, la matemática sirve también para administrar y repartir recursos con mayor equidad, para optimizar su uso y minimizar los desperdicios, etc. Cada vez que se trata de obtener un beneficio máximo de una cantidad limitada de recursos, estamos ante un problema de optimización; y eso es un tema importante de la matemática avanzada.

Ser precavidos y planificar con prudencia

Uno de los pocos pasajes bíblicos donde aparece la palabra "calcular", es en Lucas 14:28-30, donde Jesús dice:

> "Porque ¿quién de ustedes, si quiere construir una torre, no se sienta y calcula primero los gastos, si tiene para concluirla? – para que no después de poner un fundamento, no tenga la capacidad para acabar, y todos los que miran empiecen a mofarse de él, diciendo: 'Este hombre empezó a construir, y no fue capaz de acabar.' "

La matemática nos ayuda a ser sabios en nuestras decisiones y planes para el futuro. Nos permite prever dificultades que podrían ocurrir, y ser realistas en nuestras estimaciones.

Para los niños y jóvenes es una buena experiencia educativa cuando relacionamos la matemática con la planificación de algún evento o proyecto concreto, y les mostramos cómo la matemática es parte de la sabiduría que necesitamos para manejar los asuntos prácticos de la vida.

Humildad

La matemática nos presenta verdades absolutas, incambiables, que podemos solamente reconocer y aceptar, una vez que las hemos entendido. Eso requiere humildad; de la misma manera como necesitamos humildad para recibir lo que Dios nos dice.

La matemática contiene también incontables problemas y preguntas que van más allá de las capacidades no solamente de una persona común, sino aun de los matemáticos profesionales. Algunos famosos problemas matemáticos quedaron sin resolver por muchos siglos; como por ejemplo la cuadratura del círculo; la trisección del ángulo; o el "último teorema" de Fermat. La Hipótesis de Riemann fue formulada en 1859, y es considerada hasta hoy uno de los problemas más importantes de la matemática sin resolver. (Se trata de un problema del análisis de números complejos, el cual, cuando se resuelva, proveerá un entendimiento más profundo de la distribución de los números primos.)

Algunos problemas matemáticos se pueden plantear de manera bastante sencilla, y sin embargo, según las informaciones que tengo, nadie los pudo resolver hasta hoy. Por ejemplo:

- ¿Existen infinitos números primos en la sucesión de Fibonacci?
- ¿8 y 9 es el único par de números naturales sucesivos que son potencias?
- ¿Existe un número perfecto impar?
- ¿Existen números naturales distintos que cumplen la ecuación $a^5 + b^5 = c^5 + d^5$?

Ante problemas como estos, nos damos cuenta de cuán pequeña y limitada es nuestra mente, y tenemos que reconocer que en realidad sabemos muy poco. Como educadores, es bueno que reconozcamos ante los niños que nosotros tampoco sabemos todo, y que hay muchas cosas que necesitamos aprender todavía. "Si alguien de ustedes piensa ser sabio en este mundo, que se vuelva necio, para que se vuelva sabio." (1 Corintios 3:18) Eso nos ayuda a no atribuir a nosotros mismos una importancia mayor de lo que es debido (vea Romanos 12:3).

Asombro ante la grandeza de Dios

Diversos conceptos matemáticos importantes tienen que ver con el infinito *(vea Capítulo 19)*. Aunque los matemáticos han desarrollado métodos para "manejar" el infinito, sigue siendo algo que sobrepasa todas nuestras capacidades de imaginación. En el mundo creado no existe nada infinito. Lo que viene más cerca, es la extensión inmensa del espacio, que es mucho más grande que todo lo que podemos imaginarnos. Pero ¡aun la extensión del entero universo conocido es como *nada* en comparación con el infinito!

Reflexionar acerca de la infinidad puede llevarnos a admirar y adorar a Dios en Su grandeza infinita. No que estemos adorando el concepto matemático de la infinidad. Pero este concepto puede ayudarnos a entender más profundamente la **infinidad de Dios**, como se expresa en pasajes bíblicos como Isaías 40:15-17.

Además es admirable que Dios tiene *control* sobre la infinidad: Él tiene poder sobre todo (es **omnipotente**); Él está presente en todo lugar de un espacio infinito (es **omnipresente**) – aun más allá de nuestro universo conocido -; Él sabe cada una de las infinitas cosas que se puede saber (es **omnisciente**); y Él está presente a lo largo del tiempo entero (es **eterno**).

Parte III: ¿Qué es la matemática?

Nota: Esta parte requiere más trabajo intelectual para entenderla, porque toca unas cuestiones filosóficas profundas. En el caso de que sea demasiado difícil de entender, se puede sin perjuicio saltar directamente a la *Parte IV*.

11. La matemática como proceso creativo

Algunos matemáticos profesionales enfatizan que la matemática se asemeja más a un arte que a una ciencia:

> "Un matemático, igual como un pintor o un poeta, es un creador de patrones. Sus patrones son más duraderos que la poesía o la música, porque consisten en *ideas*."[7]

Quien conoce la matemática solamente desde la perspectiva escolar, difícilmente se identificará con esta cita. La matemática, ¿una actividad creativa? ¿No es la matemática la disciplina más estricta, donde se debe seguir las instrucciones al pie de la letra?

- Sí y no. Sí, en la matemática existen leyes inquebrantables. Más tarde hablaremos del significado profundo de esas leyes. Pero por el otro lado, en la matemática existe mucho lugar para el ingenio, los "inventos" y la creatividad. Muchos grandes descubrimientos matemáticos se deben a algún invento, alguna idea original.

> "La matemática no trata de seguir las directivas de otra gente. Se trata de descubrir direcciones nuevas."[8]

Por ejemplo, los antiguos babilonios inventaron la división del círculo en 360 grados. Su punto de partida fue la astronomía, entonces es probable que se guiaron por el hecho de que un año tiene aproximadamente 360 días.[9] Con eso inventaron a la vez el concepto del ángulo, y una forma de medir y expresar el tamaño de un ángulo.

---

7) G.H.Hardy, citado en Lockhart, "Lamento de un matemático".

8) Lockhart, op.cit.

9) Algunos científicos que toman la Biblia en serio, conjeturan que inicialmente la duración de un año fue de exactamente 360 días; y que posteriormente el período de rotación de la tierra se alteró por las perturbaciones causadas por el diluvio. Eso explicaría por qué los antiguos babilonios mantuvieron el número 360, a pesar de que sus técnicas de observación fueron lo suficientemente exactas para notar que había 365 días en un año. *(Brown 2008)*

Muchos inventos matemáticos no son relacionados con nada que existe en el "mundo real"; son simples construcciones mentales. Por ejemplo, los antiguos griegos inventaron las secciones cónicas (elipse, parábola, hipérbola) e investigaron sus propiedades, aunque en la naturaleza no existe ningún cono exacto.

Algunos inventos matemáticos se deben a la necesidad de llenar algún "vacío" entre los objetos matemáticos conocidos. Por ejemplo, no existe ningún número real que podríamos elevar al cuadrado, de manera que el resultado sea un número negativo. 1 x 1 = 1, y (−1) x (−1) también es 1. Ningún número elevado al cuadrado da −1; o sea, la raíz cuadrada de −1 no existe. Entonces, algún matemático[10] dijo: "Si esa raíz cuadrada no existe, hay que inventarla." Eso dio lugar al "invento" de los números imaginarios y complejos, que juegan un papel muy importante en la matemática superior y en la física.

Efectivamente, al hacer matemática somos libres de inventar y definir cualquier objeto matemático nuevo que deseamos. Por ejemplo, a un niño se le podría ocurrir la idea de arreglar unas piedritas en forma de triángulos de tamaño creciente:

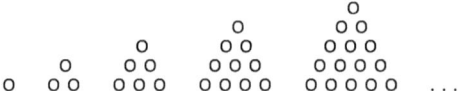

Después se le puede ocurrir contar el número de piedritas en cada triángulo. Así resultará la siguiente secuencia de números: 1, 3, 6, 10, 15, ... Podemos llamarlos "números triangulares". Podemos definir su construcción de una manera un poco más formal: "A cada triángulo se le añade una nueva fila que contiene una piedrita más que la anterior." ¡Y ya hemos inventado un objeto matemático novedoso! Ahora podríamos seguir investigando las propiedades de estos números.

Si volvemos al origen del hombre según la Biblia, vemos que Dios, el Creador, creó al hombre "a imagen y semejanza de Dios" (Génesis 1:26-27). Dios tiene una creatividad inmensa; él "inventó" el universo entero. Si los humanos somos "imagen y semejanza de Dios", entonces es de esperar que en nosotros haya también algo de esa creatividad. Por eso somos capaces, por ejemplo, de inventar objetos matemáticos nuevos.

---

10) Probablemente Girolamo Cardano en el siglo 16.

12. La matemática como descubrimiento de un mundo trascendental

Al nivel más elemental, experimentamos que la matemática tiene una "existencia propia" cuando descubrimos que los números y los resultados de las operaciones aritméticas son siempre los mismos, *independientemente del tipo de objeto con el cual se realizan.* (Vea en el Capítulo 4, "La trascendencia de los números".)

Eso nos puede parecer obvio, pero tiene implicaciones más profundas. Los números existen independientemente de los objetos visibles. Eso nos señala que existe un mundo más allá de nuestro mundo material (lo que los filósofos llaman "la trascendencia[11]"). Y en ese mundo trascendente existen verdades universales que no cambian con el tiempo ni con los antojos de los hombres. Los principios de la suma pertenecen a estas verdades absolutas. Pertenecen entonces a la misma categoría como las leyes de Dios que tienen validez, independientemente de las opiniones de los hombres.

Aun cuando inventamos en la matemática algo nuevo según nuestras propias ideas, en algún momento nos enfrentaremos con la trascendencia. Un matemático que inventa un objeto matemático, desea saber sus propiedades. Inicialmente, estas propiedades son dadas por la definición del objeto mismo. Por ejemplo, nuestra definición de los "números triangulares" nos dice cómo se construyen estos números.

Pero cuando comenzamos a investigar nuestros objetos matemáticos, ocurre algo curioso: Empezamos a descubrir que estos objetos poseen otras propiedades que no están incluidas en nuestra definición; y sin embargo están ahí y no pueden ser diferentes; no las podemos definir según nuestro antojo. Es como si esos objetos que inventamos, comenzaran a adquirir una vida propia.

Por ejemplo, se puede definir la elipse como la intersección entre un cono recto y un plano inclinado.[12] Si dibujamos y calculamos elipses según esta definición e investigamos sus propiedades, entonces encontraremos que coinciden con las propiedades enunciadas en otra definición, que se encuentra en algunos libros escolares: "La elipse es el lugar geométrico de los puntos cuya suma de distancias hacia dos puntos dados (los focos) es constante." – ¿Por qué esta coincidencia? ¿Qué tiene la intersección de un cono que ver con la distancia hacia dos puntos dados? Parece entonces que ya no nos encontramos ante un invento nuestro; nos encontramos ante una criatura extraña de otro mundo que siempre estaba ahí y que obe-

---

11) "Trascendente" significa "más allá"; o sea, lo que está más allá del mundo material que podemos percibir con nuestros sentidos o explorar con observaciones y mediciones científicas.

12) Esta definición es simplificada. Para ser estrictos, tendríamos que definir más exactamente los límites del ángulo de inclinación del plano, respecto al eje y al ángulo de apertura del cono.

dece a sus propias leyes; nosotros ya no tenemos el control sobre su comportamiento.

"Este es un tema importante en la matemática: Las cosas son tales como usted las quiere. Usted puede escoger entre alternativas interminables; el mundo real no va a interferir con nada.
Pero una vez que usted ha hecho sus decisiones (...), entonces sus creaciones harán lo que tienen que hacer por sí mismas, lo quiera usted o no. Esto es lo sorprendente de los patrones imaginarios: ¡ellos nos contestan!"[13]

En el caso de nuestros "números triangulares" *(vea en el capítulo 11)*, una vez inventados, existe un único número de piedritas para el triángulo no.61. (Es 1891.) Ya no podemos escoger arbitrariamente cuántas piedritas debe contener ese triángulo. Existe ahora una lógica superior que define eso.

Y esta lógica superior es la misma para todas las personas en el mundo entero, y por todos los tiempos. Por eso, aun si inventamos un objeto matemático nuevo, podemos después descubrir que ese objeto siempre había estado allí. Efectivamente, los "números triangulares" ya eran conocidos por los antiguos pitagoreos hace 2500 años. Y por supuesto, las propiedades básicas de estos números que los pitagoreos describieron, son las mismas como las que encontramos nosotros al investigarlos – porque se trata del mismo objeto de un mundo trascendental que encontraron ellos, igual como lo puede encontrar hoy un niño que juega con piedritas.

Yendo un poco más allá: Un tema aparentemente desconectado con este son los problemas de "conteo de figuras" que aparecen en algunos libros de matemática. Por ejemplo: ¿Cuántos rectángulos se pueden encontrar en la siguiente figura?

A primera vista vemos 5 rectángulos. Pero si juntamos dos rectángulos, esos forman un nuevo rectángulo. Podemos encontrar 4 rectángulos de este tipo:

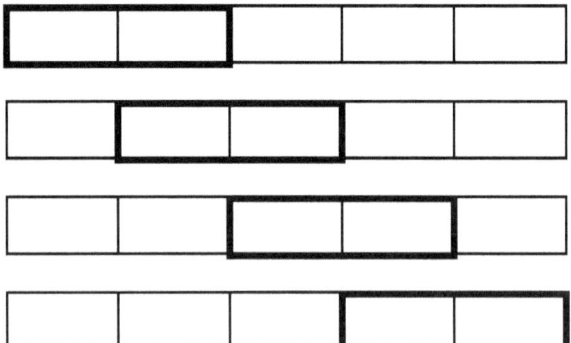

---

13) Lockhart

12. La matemática como descubrimiento de un mundo trascendental

De la misma manera podemos unir 3 rectángulos adyacentes, y encontraremos 3 rectángulos de este tamaño. O podemos unir 4 rectángulos adyacentes; hay 2 posibilidades de hacer eso. Y finalmente, la figura entera es un único rectángulo grande. Entonces el número total de rectángulos es 5 + 4 + 3 + 2 + 1 = 15.

Pero ¡este es uno de nuestros números triangulares! Es el número de piedritas en el triángulo no. 5.   Y si hiciéramos lo mismo con una figura de 8 rectángulos seguidos, nos resultaría el "número triangular" no.8. Si desea, verifíquelo.

Veamos otro problema: Se encuentran 6 personas. Cada persona aprieta la mano de cada otra persona. ¿Cuántos apretones de manos son eso en total?

Podemos diagramarlo de la siguiente manera: Cada punto grueso significa una persona. Cada línea que une dos puntos, significa un apretón de manos entre estas dos personas.

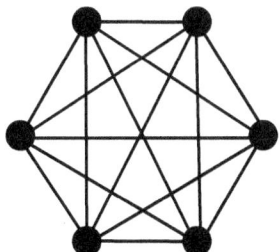

¿Cuántas líneas son? – Nuevamente llegamos a 15, el "número triangular" no.5. Si hacemos lo mismo con 7 puntos, llegamos a 21 líneas, el "número triangular" no.6. O sea, en este caso el "índice" o "número de orden" del número triangular es siempre *uno menos* que el número de puntos que hemos dibujado. Pero igualmente, los resultados son los números triangulares.

Ahora, ¿hemos inventado nuestros "números triangulares" con la *intención* de que sirvan para resolver problemas de conteo de figuras, o de apretones de manos? – No, simplemente hemos hecho una especie de juego mental, inventando un nuevo objeto matemático. En este momento nos parecerá pura coincidencia que estos números estén relacionados con esta clase de problemas.

Un matemático conocedor de estos temas no estará muy sorprendido por esta coincidencia. Pero si somos novatos que nos topamos por primera vez con este descubrimiento, seguramente nos vemos ante un gran misterio: ¿**Por qué** es esto así? ¿**De dónde** viene esta coincidencia?

Estas preguntas nos enviarán a un viaje de investigar las propiedades y leyes que rigen el conteo de figuras, y las que rigen nuestros "números triangulares". Son propiedades y leyes que ya no podemos cambiar arbitrariamente, una vez que hemos definido nuestros objetos. Son propiedades y leyes que obedecen a una lógica superior, a una realidad trascendental que siempre estaba ahí.

A continuación, cuando hablo de "la matemática" en sí, me refiero a estas leyes inmutables que obedecen a una lógica superior, más allá de nosotros mismos. No me refiero a los símbolos, notaciones y convenciones. *(Vea en el Capítulo 16, "Lo negociable y lo no negociable en la matemática".)* No me refiero a las formas como los matemáticos o los profesores *describen* la matemática. Me refiero a los principios y leyes que los matemáticos de todos los tiempos han reconocido como correctos, independientemente de su forma de expresarlos.

¿No refleja la matemática simplemente la estructura de nuestra propia mente?

En este punto podríamos preguntarnos cuán real es ese mundo trascendente que acabamos de descubrir. ¿Quizás es solamente una ilusión? ¿Quizás es algo dentro de nuestra propia mente que nos obliga a "creer" en esta lógica superior? De hecho, actualmente varios matemáticos dicen que la matemática no es otra cosa que una proyección de la estructura de la mente humana.

Pero existen dos razones fuertes por qué eso es altamente improbable:

1. Todos los matemáticos del mundo coinciden en cuanto a las leyes fundamentales de la matemática, y en cuanto a lo correcto o equivocado de una conclusión dada.

Si la matemática fuera solamente algo dentro de la mente de algún matemático, ¿por qué debería coincidir exactamente con lo que está en la mente de otro matemático? – Notamos la gran diferencia si la comparamos con la filosofía. Muchos enunciados filosóficos son también puras construcciones de la mente humana. Pero no podemos encontrar ni dos filósofos que coincidan exactamente entre sí. Tomemos dos personas cualesquieras, y encontraremos grandes diferencias entre lo que cada una de ellas tiene en su mente.

Por eso, aun matemáticos ateos como G.H.Hardy estaban convencidos de que la matemática tiene una existencia propia, independiente de las mentes humanas, e independiente del mundo físico.

Es cierto que en la actualidad, entre matemáticos profesionales, existe bastante discusión acerca de la fundamentación axiomática y la consistencia lógica de la matemática, y a este nivel sí existen distintos puntos de vista. Pero considero que estas discusiones pertenecen más al ámbito de la *filosofía* de la matemática, en vez de la matemática "en sí". (En este libro no entraremos mucho a estos temas, excepto unos cuantos puntos en el *Capítulo 15, "La matemática como ciencia de los fundamentos o principios".)*

2. Las leyes matemáticas coinciden de manera sorprendente con el universo material.

En diversas oportunidades, los científicos (particularmente los físicos) encontraron que los fenómenos que ellos observaron, podían describirse exactamente con leyes matemáticas que habían sido "inventadas" mucho antes. Si la matemática fuera una mera construcción de la mente humana, no habría razón por qué debería guardar alguna relación con el universo que nos rodea.

Estos dos puntos mencionados son muy profundos, y los detallaremos en los siguientes apartados.

13. La matemática como verdad universal y absoluta

Hemos mencionado que los matemáticos de los trasfondos más diversos, y de todos los tiempos, coinciden entre sí acerca de lo que es correcto o equivocado en la matemática. Al investigar propiedades matemáticas, descubrimos que existe una "lógica superior" inmutable que gobierna sobre la matemática.

En nuestros tiempos vivimos bajo una fuerte influencia del relativismo. Toda referencia a verdades o valores absolutos se considera sospechosa. "Tú puedes tener tu propia verdad, y yo tengo la mía", dice el relativista. Pero con esta actitud no se puede hacer matemática. ¿Se imagina un contador o un ingeniero que dice: "Si para ti 3 + 4 = 7 y eso funciona para ti, está bien; pero para mí da 18"? – La existencia de la matemática es por sí misma un testimonio de que sí existen verdades absolutas. Las verdades matemáticas no cambian con el tiempo, ni con la cultura, ni según el gobierno de turno. El "teorema de Pitágoras", descubierto en la antigua Grecia, es exactamente el mismo como el que fue descubierto por los chinos, probablemente en la misma época.

Eso significa que la matemática es universal. Sus leyes son las mismas para cada persona que vive, vivió o vivirá en esta tierra. Ninguna acción humana puede cambiar algo en el mundo trascendente de la matemática, porque ese mundo trascendente tiene existencia propia.

Este es un mensaje liberador: ¡La matemática es de dominio público! No depende de ninguna autoridad humana: ni de algún experto o científico, ni del capricho de algún gobernante, ni de los profesores de matemática. La matemática simplemente *es*, y cada persona que sabe razonar, puede descubrirla o incluso seguir desarrollándola. Cada niño que comprendió algo de las leyes de la matemática, puede aplicar estas leyes por su cuenta; no necesita para eso ninguna instrucción adicional de un profesor. Por el otro lado, aun el profesor o matemático más erudito no puede cambiar esas leyes ni en lo más mínimo; tiene que sujetarse a ellas.

Ante el mundo trascendente de la matemática no existen diferencias jerárquicas: nadie tiene la autoridad de imponer una ley matemática sobre otra persona. La matemática se impone a sí misma por su propia lógica.

Lo único que se puede hacer para ayudar a alguien a avanzar en la matemática, es **explicarle el por qué** de una ley matemática. Por eso, cuando se hace matemática bajo criterios estrictos, **cada verdad matemática requiere una demostración**. Una demostración matemática no es otra cosa que una explicación convincente de **por qué** algo es así.

"La matemática es el arte de explicar." *(Lockhart)*

Hombres no pueden imponer la verdad

Puede que lo dicho contradiga la experiencia propia de muchos lectores con la matemática. Muchos alumnos escolares experimentan la matemática como una imposición por parte del profesor. Pero lo que nos impone el sistema escolar, no es la matemática propiamente dicho. La escuela impone notaciones, términos técnicos, y procedimientos. Estos son elementos marginales, "negociables", de la matemática. *(Vea el Capítulo 16: "Lo negociable y lo no negociable en la matemática".)* La matemática "en sí" son sus leyes y principios; y estas no son órdenes que se pudieran imponer; son verdades que solamente se pueden explicar, o descubrirse por uno mismo.

Tenemos aquí una paralela con la posición del hombre ante Dios. Bíblicamente, todos somos iguales ante Dios. "Uno solo es su maestro, el Cristo; y ustedes todos son hermanos." (Mateo 23:8) Ningún hombre tiene la autoridad de imponer la verdad de Dios sobre otro hombre; solamente Dios mismo puede imponerse.

Y sin embargo, históricamente, muchos sacerdotes, reyes y conquistadores intentaron imponer sobre otras personas lo que ellos llamaron "la fe" o "la iglesia". Desde una perspectiva bíblica, tales intentos no son legítimos; no son autorizados por Dios. Cada persona tiene que llegar *por sí misma* al conocimiento de la verdad de Dios, y tiene que recibirla por su propia decisión *voluntaria*.

"Ustedes conocerán la verdad, y la verdad les hará libres", dijo Jesús (Juan 8:32). Si la verdad de Dios hace libre, entonces una "verdad" impuesta por hombres no puede ser la verdad de Dios. Una "verdad" esclavizante no puede ser la verdad de Dios. El apóstol Pablo describe así su encargo: "No que seamos señores sobre su fe, sino que somos colaboradores para su alegría..." – "Por Cristo entonces somos mensajeros, como si Dios *animase* por medio de nosotros; *pedimos* por causa de Cristo: Reconcíliense con Dios." (2 Corintios 1:24, 5:20) Su misión no consistía en imponerse y dar órdenes; consistía en animar y pedir.

Y el apóstol Juan dice: "Pero la unción que ustedes recibieron de él permanece en ustedes, y no necesitan que nadie les enseñe ..." (1 Juan 2:27). Los cristianos verdaderos no tienen necesidad de que alguien les enseñe (mucho menos imponga) las verdades de Dios, porque Dios mismo les enseña por las Escrituras y por el Espíritu Santo. De la misma manera, ningún ser humano tiene necesidad de que otro le enseñe las verdades matemáticas, porque su capacidad de razonamiento, dada por Dios, le permite descubrirlas.

Es cierto que algunos de nosotros llegaron a entender más que otros; y a veces puede ser beneficioso ser enseñado por alguien que sabe más. Pero el ser enseñado por hombres no es ninguna condición *necesaria* para conocer la verdad. Y el "conocimiento avanzado" que algunos de nosotros logran alcanzar, sigue siendo una porción insignificante de todo lo que se podría saber.

Isaac Newton fue uno de los mayores descubridores en la matemática y en las ciencias; pero hacia el fin de su vida dijo: "No sé como yo le parezco al mundo; pero a mí mismo me parece que he sido solamente como un niño que juega en la playa, y se divierte al encontrar de vez en cuando una piedra más lisa, o una concha más hermosa de lo ordinario; mientras el gran océano de la verdad seguía extendiéndose delante de mí sin ser descubierto."

Ante las verdades trascendentes – la verdad de Dios y la verdad de la matemática – todos nos quedamos pequeños, inadecuados, y todos nos encontramos en condiciones iguales.

Trascendencia y personalidad

Estamos hablando de Dios en este contexto, porque la trascendencia es el dominio especial de Dios. Aunque algunos filósofos intentaron imaginarse una trascendencia sin Dios – por ejemplo los platónicos que dijeron que el mundo real (trascendente) es el mundo espiritual de las ideas puras, y que esas ideas se materializan de distintas formas en nuestro mundo material. En esa filosofía, el mundo trascendente no tiene personalidad; consiste en abstracciones y nada más. Pero entonces surgen dos preguntas:

1. ¿De dónde vienen esas "ideas puras"? ¿Quién las piensa? – Para que existan ideas, debe existir una mente que las piensa. Pero una mente es siempre expresión de personalidad; tiene que pertenecer a algún ser con personalidad.

2. ¿De dónde surge la personalidad humana? – Si un hombre es una materialización de una idea abstracta de "hombre", y si esa idea no tiene personalidad, ¿cómo puede el hombre tener personalidad? ¿Cómo puede tener razón, voluntad, emociones, creatividad? – Una personalidad no puede ser producto de una realidad impersonal.

Es más convincente asumir que detrás de las ideas trascendentes (y detrás de las leyes de la matemática) hay una mente que las piensa. Y yo creo que esa gran mente pertenece al Dios del que habla la Biblia; porque Él es el Dios que no solamente existe; también se comunica al hombre con palabras entendibles y razonables.

No pensemos entonces en la matemática como una verdad impersonal e independiente de Dios. Eso significaría elevar la matemática a un nivel igual a Dios. *(En el Capítulo 17, en la sección acerca de Descartes, examinaremos las consecuencias que tiene un tal punto de vista.)* Es más apropiado ver la matemática como una expresión de los decretos de Dios.

Lo divino en la matemática asegura su unidad y universalidad.

Lo dicho no debe entenderse como si fuera una "demostración" de la existencia de Dios. La trascendencia de la matemática *sugiere* que Dios está detrás de ello, pero no lo demuestra. A Dios no se le puede demostrar matemáticamente, porque Dios no es un objeto de la matemática. Si se pudiera, entonces Dios estaría sujeto a la matemática; pero Dios está por encima de la matemática.

Aun así, diversos pueblos antiguos percibían algo divino en la matemática; más notablemente los antiguos griegos. Aunque los dioses de ellos no eran tan "trascendentes" como el Dios Creador que se revela en la Biblia, los griegos antiguos veían la matemática, como también la filosofía, como un servicio a sus dioses. Inicialmente[14], eso hizo que ellos mezclaran muchos conceptos místicos y esotéricos con la matemática, y que guardaran celosamente sus descubrimientos como un conocimiento secreto que se debía transmitir solamente entre los "iniciados". Más tarde, su trasfondo pagano les impidió desarrollar plenamente el cálculo infinitesimal, cuando estaban a pocos pasos de entenderlo. *(Vea en el Capítulo 19, "Los misterios del infinito".)*

Pero por el lado positivo, su perspectiva espiritual de la matemática les mantuvo conscientes de que la matemática es algo trascendente, algo más allá y superior a los inventos de la mente humana. Así por ejemplo Euclides, quien en sus obras resumió casi todos los conocimientos de su época acerca de la geometría y la aritmética, nunca se refiere a algún maestro humano para fundamentar sus teoremas, ni se presenta a sí mismo como una autoridad sobre quien reposarían los conocimientos matemáticos. Mas bien, él desarrolla la geometría entera, paso por paso, mediante razonamientos estrictamente lógicos, a partir de unos pocos definiciones, postulados y axiomas "evidentes por sí mismos". El método de Euclides refleja su convicción de que las verdades matemáticas son verdades absolutas y universales, accesibles a todas las personas por igual.

Eso muy a diferencia de la filosofía, donde abundan las especulaciones subjetivas de los diferentes maestros, y donde siempre existían distintas escuelas y distintos sistemas que se contradecían entre sí. Así existía por ejemplo la filosofía de Platón, la filosofía de Aristóteles, la filosofía de Epicuro, y muchas otras filosofías, que tienen opiniones distintas acerca de los temas que tratan.

Pero no tendría mucho sentido hablar por ejemplo de una "matemática de Apolonio", una "matemática de Euclides" y una "matemática de Newton" como distintas entre sí; porque donde estos tres escriben acerca de un mismo tema, coinciden entre sí. Pueden diferir en sus métodos para alcanzar una solución, y en su estilo particular de describir las cosas; pero en sus resultados coinciden.

Este es un fenómeno que no se observa así en las otras ciencias. Todas las otras ciencias observan el mundo creado, e interpretan sus observaciones dentro de algún marco teórico. Ahora, ya el mismo proceso de observación conlleva ciertas inexactitudes. Pero aun mayores divergencias existen en la *interpretación* de las observaciones. Incluso en la física – la ciencia más afín a la matemática –, existen por ejemplo distintas teorías acerca de la naturaleza de la luz: En ciertas circunstancias, la luz se comporta como una onda; en otras circunstancias, como una radiación de partículas. Algunas otras teorías científicas son todavía mucho más controvertidas, y en muchos casos no hay manera de concluir el debate de manera definitiva, porque siempre hay un elemento subjetivo en el marco teórico que aplica un científico.

---

14) En Pitágoras y sus discípulos.

Matemática y revelación

Aparte de la matemática, existe un solo campo del saber donde podemos observar un fenómeno similar, de que muchos autores coinciden perfectamente entre sí: en los distintos libros que conforman la Biblia. Más de treinta autores distintos, viviendo en culturas y tiempos distintos, coinciden entre sí en los relatos y enseñanzas que transmiten. Este es uno de los indicios más fuertes de que la Biblia se basa realmente en una revelación sobrenatural de Dios, y no en inventos humanos.[15]

Entonces, si en el caso de la Biblia concluimos que Dios mismo obró esta armonía entre los distintos autores, ¿no será eso una razón para ver una obra divina también en la matemática? También la lógica de la razón humana puede ser un medio por el cual Dios se revela. La teología habla de "revelación especial" y "revelación general". La "revelación especial" incluye lo que nosotros no podemos descubrir por nosotros mismos: particularmente la persona de Jesús y los escritos inspirados de la Biblia. La "revelación general" incluye todo lo que podemos percibir por nosotros mismos acerca de Dios (vea Romanos 1:19-20). ¿Podemos decir que lo que percibimos como "razonamiento lógico", es una forma como Dios nos revela Su "lógica superior" (por ejemplo en la matemática)?

Eso no quiere decir que el razonamiento humano estuviera siempre de acuerdo con la verdad. Muchos pensadores han usado sus capacidades de razonamiento para contradecir las verdades de Dios, incluso Su misma existencia. Nuestra capacidad de razonar está afectada por el pecado, y a menudo nos induce a contradecir a Dios.

Podemos distinguir entre razonamientos "válidos", "verdaderos", y "sanos".[16] Un razonamiento "válido" es uno que se deduce lógicamente desde las premisas. Un razonamiento "verdadero" es uno que es congruente con la realidad. Un razonamiento "sano" es uno que es tanto válido como verdadero.

Por ejemplo, uno podría hacer el siguiente razonamiento:

---

15) Eso a diferencia de los escritos de los teólogos posteriores, que se contradicen bastante entre sí. La *interpretación* posterior de la Biblia ya no es revelación divina, es obra humana y por tanto expuesta a errores. Por eso, ningún teólogo o "maestro de la iglesia" puede reclamar para sus enseñanzas una autoridad comparable a la autoridad de las Sagradas Escrituras.

No es el lugar aquí para tratar de los argumentos del papado, ni de la así llamada "Alta Crítica" o "Ciencia Bíblica", la cual intenta encontrar errores y contradicciones en la misma Biblia. Las teorias de esos teólogos críticos se contradicen entre sí mucho más que las supuestas contradicciones en la Biblia que ellos creen haber encontrado.

16) Las explicaciones siguientes se basan en Poythress (2013).

> "Todos los caballos son verdes.
> Jorge es un caballo.
> Por tanto, Jorge es verde."

La conclusión es *válida*: es lógicamente consistente con las premisas. Pero *no es verdadera*. En casos como estos, el problema no está en la lógica; está en las premisas. Si las premisas no coinciden con la realidad, aun un razonamiento correcto producirá conclusiones falsas en la mayoría de los casos.

Por el otro lado, un razonamiento puede ser verdadero, y sin embargo lógicamente inválido:

> "Todos los mamíferos son animales.
> Todos los gatos son animales.
> Por tanto, todos los gatos son mamíferos."

La conclusión es *verdadera* (como lo son también las premisas), pero no es ninguna consecuencia lógica de las premisas. (Sustituya "mamíferos" por "perros", y se dará cuenta de lo ilógico que es la conclusión.)

Ahora, lo interesante es que entre los pensadores hay muchos desacuerdos en cuanto a lo que es *verdadero*; pero existe prácticamente unanimidad en cuanto a lo que es *lógicamente válido*. Cristianos y ateos tienen desacuerdos acerca de muchos puntos; pero normalmente coinciden en lo que es una conclusión lógicamente válida, y lo que no lo es. Eso indica que los principios de la lógica son trascendentes; son decretos de la "mente suprema" de Dios.

Ya hemos mencionado anteriormente el argumento de que esos principios lógicos podrían ser simplemente una expresión de la estructura de la mente humana, producida por una evolución ciega como un instrumento útil para la sobrevivencia, pero sin relación con la trascendencia ni con una verdad universal. "Entonces también la cosmovisión evolucionista, que se edifica sobre argumentos lógicos, es solamente un medio útil para la sobrevivencia, y no tiene ninguna relación con lo que es verdad. Así la entera cosmovisión colapsa. De hecho, cualquier cosmovisión que mantiene que la lógica es solamente casualidad o que es inestable, pierde todo su sustento racional." *(Poythress 2013)*

– Entonces, las verdades trascendentes de la matemática tienen mucho en común con las verdades trascendentes de Dios. Solamente que en el caso de la matemática no podemos hablar de "revelación". La Biblia contiene ciertas verdades que ningún hombre puede saber por sí mismo, ni observar, ni deducir lógicamente. Estas verdades se pueden saber solamente por revelación sobrenatural. "Como son más altos los cielos que la tierra, así son mis caminos más altos que vuestros caminos, y mis pensamientos más que vuestros pensamientos. Porque como desciende de los cielos la lluvia y la nieve, y no vuelve allá, sino que sacia la tierra y la hace germinar y producir, y da semilla al que siembra y pan al que come, así será mi palabra que sale de mi boca ..." (Isaías 55:9-11) Dios mismo tiene que hacer "descender" su verdad al hombre para que pueda conocer y entenderla.

13. La matemática como verdad universal y absoluta

La matemática, en cambio, consiste en verdades accesibles (por principio) a cada persona, mediante su propio razonamiento lógico. Tenemos que preguntar entonces: *¿Cómo es posible que nosotros los humanos, con nuestra mente, podemos percibir acertadamente las verdades trascendentes de la matemática?* Ya hemos enumerado varias razones por qué la matemática no puede ser únicamente un producto de nuestra mente; debe tener una existencia propia, trascendente. Pero el mundo trascendental, por definición, no es accesible a nuestra observación. ¿Por qué la matemática es aparentemente una excepción?

Para un matemático ateo es difícil responder a esta pregunta. Tal vez preferirá asumir que la trascendencia no existe; aunque hemos visto que esa posición a su vez implica otras preguntas muy difíciles de responder.

Desde una perspectiva bíblica, sin embargo, la respuesta no es difícil. El mismo Creador que creó la trascendencia y el universo, creó también la mente humana. Por tanto es lógico que exista cierta correlación entre nuestra mente y la estructura del universo; y aun entre nuestra mente y la trascendencia. La verdad bíblica acerca de la creación nos explica por qué la matemática es posible.

Quizás se aplica aquí Salmo 115:16: "Los cielos son cielos del Señor, y ha dado la tierra a los hijos de los hombres." La Biblia habla de cosas "celestiales", de cosas de Dios, las que Él da a saber solamente a quienes les quiere revelar. La matemática, en cambio, es "terrenal" en el sentido de que está relacionada con la estructura de este mundo creado. (Hablaremos de eso en el siguiente capítulo.) Por eso, nosotros podemos descubrirla con nuestro propio intelecto; sin embargo es creada y dada por Dios, y por eso obedece a leyes absolutas y universales.

Las leyes absolutas y la creatividad

Ahora, si la matemática exige obediencia hacia leyes absolutas, ¿cómo se reconcilia eso con lo que dijimos al inicio, que la matemática es una actividad creativa?

Observemos el trabajo de un inventor. El inventor es un innovador creativo: inventa máquinas, artefactos o procedimientos novedosos, desconocidos hasta entonces. Pero todos sus inventos funcionan según las leyes de la naturaleza. A ningún inventor se le ocurriría querer cambiar las leyes de la naturaleza. Él inventa maneras novedosas de aprovechar las leyes de la naturaleza que no cambian.

Lo mismo hace un matemático: Inventa nuevos objetos matemáticos, nuevos procedimientos, descubre nuevos teoremas. Pero ninguno de sus inventos puede alterar las leyes de la matemática. Lo que hace el matemático, es aplicar estas leyes de maneras novedosas; o descubre leyes hasta entonces desconocidas.

14. La matemática como expresión del orden del universo

Diversos descubrimientos matemáticos se hicieron como consecuencia de la investigación del universo creado. Por ejemplo, Newton desarrolló el cálculo infinitesimal como un medio de describir y calcular el movimiento de objetos en espacio y tiempo. Algunos matemáticos asumen que la matemática *completa* es el resultado de observaciones del mundo material, al igual como la física y la química (y entonces no tendría nada de trascendente).

El matemático y teólogo Vern Poythress responde a eso:

> (Si uno mantiene esta posición,) "llegaríamos a creer que 2 + 2 = 4 por nuestra experiencia repetida de que dos objetos más dos objetos son cuatro objetos. Está bien; pero nadie tiene experiencias repetidas de que 2'123'955 objetos más 644'101 objetos son 2'768'056 objetos. Entonces ¿por qué creemos que 2'123'955 + 644'101 = 2'768'056? – 'Ah', dicen, 'es que generalizamos desde nuestras experiencias con números pequeños.' Desafortunadamente, la palabra 'generalizar' oculta o una regresión infinita, o el espectro del *a priori*."[17]

(Poythress 1976)

O sea, la matemática es más que una descripción de experiencias y observaciones. Es un sistema de generalizaciones y conclusiones lógicas, que edificamos *más allá* de lo que se puede observar en el mundo creado.

Y muchos descubrimientos matemáticos se hicieron sin ninguna conexión con el mundo material. Es exactamente una de las dificultades para estudiantes que progresan a temas avanzados en la matemática, que los teoremas y las fórmulas tienen cada vez menos relación con el "mundo real", hasta que se vuelven tan abstractos que es imposible imaginarse algo concreto al manejarlos. Este problema suele manifestarse por primera vez al aprender álgebra, y con mucho mayor fuerza al llegar a los temas del nivel universitario.

Sorprendentemente, algunos de esos inventos matemáticos hechos en el "vacío" de la abstracción pura, encontraron su aplicación en las investigaciones del universo creado *muchos siglos después de ser inventados*. Un ejemplo famoso es la investigación de Kepler acerca de las órbitas de los planetas. Antiguamente, los astrónomos asumían que los planetas orbitaban en círculos perfectos. Cuando sus observaciones se hicieron más exactas y se encontraron desviaciones de las órbitas circulares, entonces intentaron describir las órbitas mediante composiciones de varios círculos sobrepuestos. Pero siempre quedaban divergencias entre

---

17) "a priori" = un conocimiento que no se basa en la experiencia u observación.

14. La matemática como expresión del orden del universo

esos modelos matemáticos y las observaciones reales. Kepler se hizo famoso con su descubrimiento de que las órbitas de los planetas no eran círculos en absoluto; eran *elipses*.

Para hacer este descubrimiento y para demostrarlo, Kepler tuvo que usar la teoría de las secciones cónicas, desarrollada por Apolonio y otros matemáticos griegos muchos siglos atrás. Esa teoría, hasta entonces, había sido una mera curiosidad sin ninguna aplicación práctica. Pero esta construcción mental sin relación con el mundo real, ¡explica con exactitud los movimientos de los planetas!

Otro ejemplo son los números imaginarios y complejos. Inicialmente se usaban solamente como una construcción auxiliar para la resolución de ecuaciones de tercer y cuarto grado, y esos números "inexistentes" tenían que eliminarse de la operación antes de llegar al resultado final; de otro modo el resultado se consideraba inválido.

En el siglo 18, Leonardo Euler introdujo los números complejos en el análisis de funciones y en el cálculo infinitesimal, y llegó a unos resultados sorprendentes y revolucionarios. Pero todo eso seguía sucediendo en el ámbito "imaginario" de la matemática pura, completamente desconectado del mundo físico. Por fin, no existe ningún objeto en el mundo físico cuyas medidas se podrían expresar en números complejos – ¿o sí?

En un pasado bastante reciente, se descubrió que los números complejos son indispensables para describir ciertos fenómenos en la electrónica y en la física cuántica. ¡Las partículas elementales se comportan según las leyes de los números complejos! – Ahora, ¿cómo es posible que Cardano en el siglo 16 inventó esos números "inexistentes" que describen el comportamiento de las partículas elementales descubiertas en el siglo 20?

Un tercer ejemplo: Fractales. Los fractales son fórmulas matemáticas cuyas representaciones gráficas son sumamente complicadas – tan complicadas que muchos de ellos no se podían calcular ni dibujar, antes que existieran computadoras con capacidades gráficas. Una característica resaltante de los fractales es que son "semejantes a sí mismos". O sea, un fractal contiene dentro de sí muchas "copias" de sí mismo a una escala más pequeña. Pero estas copias, ya que son copias del fractal entero, contienen dentro de sí nuevamente copias más pequeñas de sí mismos, y así sucesivamente hasta lo infinitamente pequeño.

Cuando se hizo posible graficar algunos de estos fractales, se descubrió que tienen características comunes con diversos objetos de la naturaleza que hasta entonces se consideraban "irregulares" y "sin estructura matemática": Nubes, montañas, ciertas plantas, y otros. Y nuevamente nos preguntamos: ¿Por qué esos inventos "exóticos" de unos matemáticos resultan en patrones que describen el mundo alrededor de nosotros?

Acerca de este tema, vea las imágenes en el Capítulo 20.

La conexión entre matemática y física

La gran pregunta es aun más fundamental: *¿Por qué existe alguna conexión en absoluto entre la matemática, inventada por la mente humana, y el universo que nos rodea?* – Todas las leyes de la física se expresan en fórmulas matemáticas, y muchas de ellas son bastante sencillas. ¿Por qué debería la matemática tener alguna utilidad para describir el mundo físico? ¿O por qué el mundo físico debería obedecer a leyes matemáticas?

Quien formuló esta pregunta de la manera más clara, fue Eugenio Wigner, premio Nobel en física, uno de los co-descubridores de las leyes de la física cuántica. Él escribió:

> **"No es de ninguna manera natural que las 'leyes de la naturaleza' existan; ni mucho menos el hecho de que el hombre sea capaz de descubrirlas.**
> (...) Es difícil evitar la impresión de que estamos aquí confrontados con un milagro; tan asombroso como el milagro de que la mente humana puede formar una cadena de mil argumentos sin contradecirse a sí mismo, o como los dos milagros de la existencia de las leyes de la naturaleza, y de la capacidad de la mente humana de descubrirlas.
> (...) **El milagro de que el lenguaje de la matemática sea apropiado para formular las leyes de la física,** es un don maravilloso que no comprendemos ni merecemos. Deberíamos estar agradecidos por ello, y esperar que siga válido en las investigaciones futuras."
>
> *(Wigner 1960)*[18]

De hecho, estamos hoy en día tan acostumbrados al concepto de "leyes de la naturaleza", que ya no nos damos cuenta de lo revolucionario que esa idea fue en sus inicios. Durante muchos siglos, a nadie se le ocurrió la idea de que el universo podría estar gobernado por leyes racionales y entendibles. El universo se consideraba incomprensible, gobernado por poderes irracionales, o por dioses que actuaban de manera impulsiva y arbitraria.

Solamente la Biblia ofrece una alternativa a esa perspectiva de un universo incomprensible. Ya en el primer libro de la Biblia, se declara (con ejemplos que los hombres de aquellos tiempos podían entender) que la naturaleza obedece a leyes, y que fue Dios quien dio estas leyes:

> "Mientras la tierra permanezca, no cesarán la siembra y la cosecha, el frío y el calor, el verano y el invierno, y el día y la noche."
>
> *(Génesis 8:22)*

En la Edad Media, en Europa prevalecían todavía las ideas filosóficas de Platón y Aristóteles. Según estos filósofos no era posible que los fenómenos del cielo (por ejemplo los movimientos de los astros) obedeciesen a las mismas leyes como los

---

18) Vea la Nota más extensa al final del capítulo.

14. La matemática como expresión del orden del universo

movimientos de los objetos en la tierra. Por eso, la cultura medieval (igual como las culturas no cristianas) no logró desarrollar una "ciencia" en el sentido moderno. En particular, no logró desarrollar el concepto de "leyes naturales" que se pueden expresar mediante fórmulas matemáticas.

Este concepto aparece por primera vez hacia el fin de la Edad Media, en los escritos de dos filósofos escolásticos franceses: Jean Buridan (1300-1358) y su sucesor Nicole Oresme (1323-1382). Buridan rechazó la idea de Aristóteles de que el universo era eterno, sin principio ni fin. Además intentó responder a la pregunta de dónde viene el movimiento en el universo. Aristóteles había enseñado que las estrellas fijas se encuentran en la superficie interior de una esfera inmensa que forma el límite del universo, y que afuera de esa esfera se encuentra algo como un "motor", el "Primer Movedor", que la mantenía en constante movimiento. Buridan tuvo que encontrar una alternativa a esa idea.

> "Basado en la revelación bíblica, Buridan y Oresme propusieron un *comienzo absoluto* de todo movimiento físico. Para ellos, el universo era *distinto* de su Creador. (...) Buridan declaró que en el momento de la creación, Dios impartió movimiento al universo; y en este movimiento Él estableció unas influencias (ordenanzas) generales que gobernaban su movimiento continuo. Dijo:
> 'Cuando Dios creó el mundo, Él movió cada una de las órbitas celestiales como Él quiso; y al moverlas, imprimió en ellas unos impulsos que las seguían moviendo sin que Él tuviera que seguir moviéndolas, excepto por el método de la influencia general, por la cual Él concurre como un co-agente en todas las cosas que suceden. (...) Esos impulsos que Él imprimió en los cuerpos celestiales no disminuyeron ni se corrompieron después, porque no existía ninguna resistencia que podría corromper o reprimir ese impulso.'
> Notamos tres rasgos cruciales en estas pocas declaraciones. Primeramente, son equivalentes a la Primera Ley de Newton acerca del movimiento *(la ley de la inercia)*. Esta ley es la base de su Segunda y Tercera Ley. Tenemos entonces en la declaración de Buridan el fundamento mismo de la física moderna. Todos sabemos que la física moderna impacta la entera tecnología moderna. Pocos conocen (...) la base medieval y cristiana de esa modernidad.
> Segundo, la declaración de Buridan nos lleva a considerar cómo se manifiesta en la práctica 'la influencia general de Dios, por la cual Él concurre como un co-agente en todas las cosas que suceden.' En otras palabras, Buridan declara que el universo es coherente, y que sus interacciones obedecen a leyes que pueden estudiarse y descubrirse. El orden creado de Dios actúa de una manera consistente; tan consistente que el hombre lo puede expresar con ecuaciones matemáticas. Esta consistencia es una presuposición fundamental para toda investigación científica; y esta presuposición tiene una base cristiana.
> Las interacciones del orden creado por Dios son consistentes, gracias a Su gobierno fiel. Esto nos lleva al tercer punto: Podemos *cuantificar* estos

movimientos. Esto es exactamente lo que comenzó a hacer Oresme. En sus escritos encontramos el concepto de funciones matemáticas; por ejemplo calor por tiempo; o la distancia que un objeto cae por tiempo."

(Nickel 2001)

Los filósofos escolásticos de aquellos tiempos citaron a menudo este versículo del libro apócrifo de Sabiduría: "Pero tú todo lo dispusiste con medida, número y peso." (Sabiduría 11:20) Eso fue su fundamento para investigar las medidas, los números y pesos del mundo creado por Dios. (Vea también Isaías 40:12-15.)

Recién en los siglos 16 y 17, esta idea de que existen "leyes de la naturaleza" comenzó a ganar influencia; mayormente en los países más influenciados por la Reforma. Eso no fue casualidad: Por primera vez, sociedades enteras tenían acceso a la Biblia, y formaron su manera de pensar según principios bíblicos. Así descubrieron que el Dios de la Biblia no actúa de manera impulsiva o arbitraria: Él cumple sus promesas, y se compromete con su propia ley. Él creó un universo ordenado. Y Él se comunicó con nosotros de una manera que podemos comprender. Entonces, ¿no debería ser posible también para nosotros, los humanos, comprender y descifrar las leyes que Dios usó para ordenar el universo?

Fue esa idea revolucionaria la que dio origen a las ciencias modernas:

> "Los comienzos de las ciencias modernas no estaban en conflicto contra la Biblia. Muy al contrario, en un punto crítico **la revolución científica dependía de la Biblia**. Tanto Alfred North Whitehead (1861-1947) como Robert Oppenheimer (1904-1967) señalaron que las ciencias modernas surgieron desde la cosmovisión cristiana. Según sé, estos dos científicos no se identificaron como cristianos; pero ambos reconocieron plenamente que las ciencias modernas surgieron del cristianismo.
>
> Whitehead declaró que el cristianismo es la madre de las ciencias, por causa de 'la enseñanza medieval sobre la racionalidad de Dios". Whitehead mencionó también la confianza en "la racionalidad entendible de un ser personal'. En sus exposiciones declaró que a raíz de la racionalidad de Dios, los científicos tempranos tenían 'una fe inconmovible de que cada acontecimiento particular se relaciona con los acontecimientos anteriores en una manera que expresa principios generales. Sin esta fe, los esfuerzos increíbles de estos científicos no hubieran tenido esperanza.'
>
> (...) Su convicción de que **el mundo había sido creado por un Dios racional**, les dio a los científicos la confianza de que iba a ser posible descubrir datos verdaderos sobre el mundo, basándose en observaciones y experimentos. Este era su fundamento epistemológico – el fundamento filosófico sobre el cual podían estar seguros de que el conocimiento es posible. Puesto que el mundo era creado por un Dios racional, no les sorprendió a los científicos que encontraron una relación entre ellos mismos, como observadores, y los objetos que observaban. Esta base depende de un marco cristiano, y es necesario trabajar dentro de este

14. La matemática como expresión del orden del universo

marco cristiano para observar la naturaleza. Sin esta base cristiana, las ciencias modernas no hubieran sido posibles.

(...) En Londres se fundó en 1662 la 'Royal Society for Improving Natural Knowledge' (Sociedad Real para el mejoramiento del conocimiento natural). En sus primeros años, casi todos sus miembros confesaron el cristianismo. George M. Trevelyan escribe: 'Roberto Boyle, Isaac Newton, y los otros miembros de la Sociedad Real eran hombres religiosos. Ellos acostumbraron el pensamiento de sus paisanos al principio de una ley natural del universo, y a los métodos científicos para descubrir la verdad. Se creía que estos métodos nunca podían llevar a conclusiones incompatibles con la Biblia y con la religión sobrenatural. Newton vivió y murió en esta fe.

(...) Los griegos, los musulmanes y los chinos perdieron finalmente su interés en las ciencias naturales. Como mencionamos antes, los chinos tenían muchos conocimientos acerca del mundo. Joseph Needham explica por qué los chinos nunca usaron sus conocimientos para desarrollar una ciencia completa: 'No tenían ninguna esperanza de poder descifrar alguna vez el código de las leyes naturales, porque no tenían ninguna certeza de si existía un ser divino, racional, que hubiera formulado alguna vez un tal código, de manera que nosotros lo podríamos leer.' "

(Schaeffer 1977)

En particular, el uso de la matemática para describir las leyes de la naturaleza fue defendido por el alemán Juan Kepler y el inglés Isaac Newton. A Kepler se le atribuye el dicho: **"Hacer matemática es pensar los pensamientos de Dios detrás de él."** – Este dicho no se encuentra textualmente en sus obras; probablemente es una abreviación popularizada de la siguiente cita:

> "El objetivo principal de todas las investigaciones del mundo externo debe ser: Descubrir el orden racional y la armonía que Dios le impuso, y que él nos reveló en el lenguaje de la matemática."

Kepler dijo también:

> "Es un derecho e incluso un deber, investigar de manera cautelosa los números, tamaños y pesos, las normas de todo lo que Dios creó.
> Estas cosas (...) son puestas delante de nuestros ojos como un espejo, para que examinándolas, observemos en cierto grado la bondad y sabiduría del Creador."

La obra más importante de Newton tiene el título: *"Principios matemáticos de la filosofía natural"*. Así expresó Newton ya con el título su convicción de que las leyes de la naturaleza se basan en principios matemáticos. Él fue el primero que declaró este concepto clave de las ciencias modernas de manera tan explícita. En esta obra, Newton dice:

> "Este sistema tan hermoso del sol, de los planetas y cometas, pudo originarse solamente en el consejo y dominio de un ser inteligente y

poderoso. Y si las estrellas fijas son los centros de otros sistemas similares, esos también, formados por el mismo consejo sabio, deben todos estar sujetos al dominio de Uno; especialmente puesto que la luz de las estrellas fijas es de la misma naturaleza como la luz del sol (...)
Este ser gobierna todas las cosas (...) como Señor sobre todo; y por su dominio él es llamado Señor Dios Gobernador Universal (...)"

Con eso, Newton confirma lo que la Biblia dice: El universo proclama la gloria de Dios, y Dios ha ordenado el universo según leyes racionales. Así dice en los Salmos (en un lenguaje más poético que matemático):

"Los cielos cuentan la gloria de Dios,
y el firmamento anuncia la obra de sus manos.
Un día emite palabra a otro día,
y una noche a otra noche declara sabiduría."

(Salmo 19:1-2)

Y también:

"Tú afirmaste la tierra, y persevera. Por tu ordenación perseveran (todas las cosas) hasta hoy; porque todas ellas son tus siervos."

(Salmo 119:90-91)

Ante estos datos, es interesante ver que aun en una cultura que no tenía la Biblia, se hicieron declaraciones similares acerca del Dios Creador. Las crónicas antiguas relatan lo siguiente acerca de los Incas en el Perú:

"(Inca Yupanqui) convocó en el Cusco a todos los sacerdotes del país en asamblea general a fin de discutir todas las cuestiones relativas a la religión y al culto. (...)
Inca Yupanqui les preguntó si ellos pensaban o suponían que existiera más poderoso que el Sol un ser (...); todos le respondían unánimemente que no era permitido a nadie creer que existiera en el Cielo o sobre la Tierra ningún ser que le fuera superior.
Inca Yupanqui les dijo entonces: "(...) ¿Cómo puede ser que vosotros que sois sacerdotes, participéis de los errores del populacho? (...) Sabed, viejos ignorantes, que he encontrado por la fuerza de mi espíritu, que el Sol que nos alumbra, y al cual vosotros acordáis tantos atributos, no puede ser el soberano creador de todas las cosas visibles e invisibles. ¿Cómo podría yo tener como dueño del mundo y señor universal al que para alumbrar la Tierra está obligado a trabajar como un obrero todo el día, de aparecer y desaparecer para que se haga día cuando se hace noche en otro; ...no es pues todopoderoso, pues no tuviera necesidad de venir e ir, ni de dejar su trono suponiendo que tenga uno. Mis hermanos y mis padres, **buscad quién es aquel que gobierna al Sol, que le ordena de recorrer su camino, y mirad como el Creador universal es tan poderoso.** (...)"
(...) La asamblea decidió que existía una causa primera, todopoderosa y universal, y resolvió que se le daría un nombre, y que se le invocaría en las

oraciones. No se encontró nada más digno y más majestuoso que el de Ticci-Viracocha-Pachacámac, lo que quiere decir Príncipe de todo lo que es bueno, y Creador del mundo."

(Miguel Cabello de Balboa, Siglo 16)

La triple naturaleza de la matemática

Según las reflexiones que hemos hecho hasta ahora, podemos decir que la matemática tiene una triple naturaleza:

- Es un invento creativo de la mente humana.
- Es un descubrimiento de leyes trascendentales y universales.
- Es una descripción del orden y de la estructura del universo creado.

No podemos reducir la matemática a uno solo de estos aspectos; siempre exhibe las tres características. La maravilla más grande es que estos tres aspectos armonizan y coinciden entre sí. Si queremos explicar de dónde viene esta armonía y coincidencia, la respuesta más coherente se encuentra en la cosmovisión bíblica: Los tres "mundos" – el mundo material, el mundo trascendente, y el mundo interior de la mente humana – son creación del mismo Dios quien los creó en una correlación racional unos con otros.

Quizás el mejor resumen de estos diferentes aspectos de la matemática, es la siguiente cita por Albert Einstein:

"La matemática pura es a su manera la **poesía de las ideas lógicas**. Se buscan las ideas operativas más generalizadas, que juntarán de manera **sencilla, lógica y unificada** el ámbito más amplio posible de relaciones formales. En este esfuerzo hacia una **belleza lógica**, se descubren fórmulas **espirituales** necesarias para la penetración más profunda en las leyes de la naturaleza."

En la matemática se combinan la creatividad y libertad de las artes con el descubrimiento de las leyes absolutas y universales del universo, de una manera hermosa e incluso – como dice Einstein – espiritual. Él refiere además que las mejores explicaciones en la matemática son *sencillas*. La matemática no debería complicar y diversificar los asuntos: debería generalizar, unificar y simplificar. Eso es posible cuando entendemos la matemática como la ciencia de los fundamentos o principios, como veremos a continuación.

Nota acerca de Wigner: Wigner fue duramente criticado por otros científicos, quienes aparentemente se escandalizaron porque él aplicó expresiones como "irrazonable" y "milagroso" a un tema científico. Hoy en día, el racionalismo es tan prevalente en las ciencias, que la mayoría de los científicos se niegan a aceptar que su ocupación podría contener algún elemento "irrazonable" o "inexplicable". Pero como veremos en el *Capítulo 15* (en "*La base de fe de la matemática*"), de hecho las explicaciones racionales no son suficientes para establecer los fundamentos más profundos de la matemática.

Los críticos de Wigner generalmente manejan un concepto reducido de la matemática: no toman en cuenta los tres aspectos de la matemática que enumeramos al fin de este capítulo *("La triple naturaleza de la matemática")*. Por ejemplo Sarukkai (2005) argumenta que en todo lugar donde Wigner dice "Matemática", se podría igualmente decir "lenguaje". Entonces su pregunta sería igual a preguntar: "¿Por qué el idioma español es tan eficaz para describir el mundo natural?" Igual que el lenguaje, la matemática (según Sarukkai) sería solamente un medio inventado para describir el mundo natural; y entonces no sería ningún milagro que sirva tan bien para este propósito.

Pero esta perspectiva pasa por alto otro aspecto de la matemática, el de su lógica inherente. En el ámbito del lenguaje, no existe ninguna necesidad lógica para escribir "jirafa" en vez de "girafa". (De hecho, en los otros idiomas europeos se escribe la palabra correspondiente con G.) Tampoco existe una necesidad lógica para llamar al agua que cae del cielo "lluvia", en vez de decir "gotera", o "tintín", o cualquier otra palabra.

La matemática, en cambio, obedece a necesidades lógicas. Sus fórmulas no pueden establecerse libremente mediante convenciones entre humanos. Si quiero describir cuál es el área de un cuadrado, no puedo hacerlo de manera arbitraria; tengo que usar la fórmula "correcta", y esa se impone por necesidad lógica. Quien dice que la matemática no es nada más que un "lenguaje", está reduciendo la matemática a sus aspectos negociables *(vea Capítulo 16)*, y pasa por alto su esencia.

15. La matemática como ciencia de los fundamentos o principios

La matemática escolar se enfoca mayormente en procedimientos: cómo sumar, cómo dividir, cómo resolver una ecuación ... – o sea, se interesa por el *¿cómo?*. Con lo que hemos visto hasta ahora, ya debe ser claro que eso no es la esencia de la matemática. La pregunta esencial en la matemática es el *¿por qué?*.

Si nos ponemos a investigar el *¿por qué?*, descubriremos que diversas propiedades y procedimientos matemáticos se fundamentan sobre los mismos principios sencillos. Por ejemplo:

♦ *¿Por qué podemos multiplicar un número largo cifra por cifra?* – La respuesta es, en forma muy resumida: Por la ley distributiva. O sea, por ejemplo:

324 x 3 = (300 + 20 + 4) x 3 = 300x3 + 20x3 + 4x3 = 900 + 60 + 12 = 972.

- Esta no es la forma como lo escribimos normalmente; pero si lo analizamos, encontramos que la notación usual describe exactamente el mismo proceso, solamente de una forma más abreviada. Aquí lo he escrito de manera más detallada para que podamos notar claramente dónde interviene la ley distributiva. (Es en la segunda igualdad; lo demás son operaciones básicas elementales.)

♦ *¿En qué ley matemática se basa el procedimiento usual de la división larga?* – La respuesta es, nuevamente: En la ley distributiva. Veamos un ejemplo:

1352 ÷ 4 = (1200 + 120 + 32) ÷ 4 = 1200÷4 + 120÷4 + 32÷4
          = 300 + 30 + 8 = 338.

- Aquí también, la forma de escribirlo puede parecer desacostumbrada; pero es exactamente lo que pasa en la división larga, detallado paso por paso. (Solamente que aquí es un poco menos obvio cómo debemos descomponer el 1352 en sumandos.) Como en el ejemplo anterior, es en la segunda igualdad donde aplicamos la ley distributiva.

♦ *¿Por qué podemos sacar la raíz de una fracción, tomando las raíces del numerador y del denominador por separado?*

O sea: $\sqrt{\dfrac{25}{64}} = \dfrac{\sqrt{25}}{\sqrt{64}} = \dfrac{5}{8}$. ¿Por qué?

Esto es ahora quizás un poco más difícil de entender, pero en realidad es solamente otra forma de la misma ley distributiva, aplicada a operaciones de un "nivel superior". La forma $\sqrt{\dfrac{a}{b}} = \dfrac{\sqrt{a}}{\sqrt{b}}$ es completamente análoga a la forma (a – b) ÷ 2 = (a ÷ 2) – (b ÷ 2). La sustracción, como operación de un nivel "inferior", corresponde a la división en un nivel "superior"; y la división a su vez corresponde a la radicación en un nivel aun superior. Entonces, entre radicación y división existe la misma relación como entre división y resta. ¡No es nada "nuevo"!

♦ Un último ejemplo: ¿Por qué es $(x - 5) \cdot (x + 8) = x^2 + 3x - 40$?

Ya no será ninguna sorpresa que es nuevamente la ley distributiva. Lo haré muy detalladamente, aplicando la ley distributiva primero al primer paréntesis y después al segundo:

$$
\begin{aligned}
(x - 5) \cdot (x + 8) &= x \cdot (x + 8) - 5 \cdot (x + 8) \\
&= x \cdot x + x \cdot 8 - (5 \cdot x + 5 \cdot 8) \\
&= x^2 + 8x - (5x + 40) \\
&= x^2 + 8x - 5x - 40 \\
&= x^2 + 3x - 40.
\end{aligned}
$$

Aquí, por supuesto, hemos tenido que usar algunas otras leyes más, por ejemplo leyes de los paréntesis y de los signos. Pero la ley fundamental que explica la operación entera es nuevamente la ley distributiva. Aquí la hemos aplicado dos veces sucesivamente: en la primera y en la segunda igualdad.

Así, el que entiende los principios fundamentales, puede con eso entender una gran multitud de temas matemáticos, y también las interconexiones entre estos temas diversos. Por eso, si queremos que los alumnos lleguen a entender la matemática, tenemos que enseñarles a razonar desde los principios. *(Vea en el Capítulo 9.)*

La base de fe de la matemática

Hemos visto que un solo principio matemático, la ley distributiva, tiene numerosas aplicaciones: en la multiplicación y división larga, en las operaciones con potencias y raíces, en la multiplicación y división de polinomios, y otras más. Todas estas operaciones se pueden comprender con bastante facilidad, si uno ha entendido bien este único principio, la ley distributiva. Así la matemática generaliza, unifica y simplifica los asuntos.

Pero ahora, uno podría cavar más hondo y preguntar: *¿Por qué vale la ley distributiva?* – Esta pregunta parece más sencilla que las anteriores; sin embargo es matemáticamente más profunda y más difícil de responder. En la enseñanza para los niños podemos explicarlo mediante material concreto, como p.ej. las regletas Cuisenaire. *(Vea en el libro de Primaria I, Unidad 48.)* Pero esas no son demostraciones matemáticamente rigurosas. Si queremos responder la pregunta a fondo, tendríamos que recurrir a las propiedades fundamentales de las operaciones aritméticas y de los números.[19]

---

19) Una de las formas que los matemáticos usan actualmente para expresar estas propiedades, es a base de los *axiomas de Peano*.

15. La matemática como ciencia de los fundamentos o principios

Y entonces llegaremos a preguntas aun más fundamentales: *¿Qué es una suma? – ¿Los números naturales nunca terminan? ¿Por qué? – ¿Por qué los números naturales pueden ordenarse de menor a mayor? – ¿Y qué de los números no naturales? – ¿Por qué siquiera existen los números?*

Paradójicamente, cuanto más "sencillas" y fundamentales se vuelven las preguntas, más difíciles son de responder. Al iniciar nuestra cadena de preguntas, silenciosamente hemos asumido que en la matemática, cada ***¿por qué?*** tiene una respuesta. Si los teoremas matemáticos tienen una fundamentación racional, entonces seguramente ¿esa fundamentación racional puede a su vez fundamentarse racionalmente? ¿y así sucesivamente?

– En realidad, ¡no! Si cada argumento debe fundamentarse con razones racionales, y esas razones a su vez deben tener razones racionales, y así sucesivamente, entonces el razonamiento nunca termina. ¡Nunca llegaremos al fondo!

De hecho, las respuestas a las preguntas más fundamentales de la matemática *no pueden fundamentarse de manera racional.* No podemos "demostrar" racionalmente que los números existen, o que se pueden ordenar de menor a mayor. Si continuamos preguntando ***¿por qué?*** hasta llegar a los fundamentos, entonces nos chocamos con los límites de nuestra capacidad de razonar, y llegamos una vez más al umbral de lo trascendente y divino.

Tradicionalmente, desde los tiempos de Euclides, se dijo que para poder hacer matemática, tenemos que basarnos en ciertas verdades que son evidentes por sí mismas, de manera que no necesitan demostración. Esas verdades fundamentales se llaman *axiomas*. Por ejemplo, el hecho de que los números existen y que se pueden ordenar de menor a mayor, es un axioma. Parece obvio. O el axioma de la transitividad: Si A = B y B = C, entonces también A = C.

Si esos axiomas son tan obvios, si son verdad "porque sí", entonces ¿qué hay de trascendente en ello? – Bien, lo que da más lugar a preocupación es el hecho de que un axioma *no se puede* demostrar. Eso significa que **hay que aceptarlo por fe**. Esto es un escándalo mayor para todo racionalista[20]: La matemática, la ciencia más exacta y racional, ¿¿edificada sobre una **fe**??

Pero ya hemos visto que es imposible exigir que *todo* se fundamente y se demuestre racionalmente. Si quisiéramos cumplir esta exigencia, nunca llegaríamos a hacer matemática, porque nunca terminaríamos con la tarea de fundamentar todo. Entonces, el matemático necesariamente tiene que fundamentarse sobre verdades trascendentes que acepta por fe. Eso no es muy diferente de la fe de un cristiano que acepta por fe que Dios existe y se reveló en las Sagradas Escrituras y en la persona de Jesús de Nazaret. Lo acepta por fe, no porque pudiera demostrarlo racionalmente, pero porque le parece evidente (en este caso a base del testimonio histórico de los testigos de la vida, muerte y resurrección de Jesús).

---

20) El *racionalismo* dice que la razón humana es suficiente y capaz para descubrir toda la verdad. Por tanto, el racionalismo rechaza toda fe como superstición.

– Aunque hoy en día, a diferencia de los siglos pasados, muchos matemáticos no creen en Dios; y por supuesto que se puede hacer matemática sin creer en Dios. Pero para poder hacer matemática, por lo menos hay que creer que la verdad trascendente de la matemática existe, que ese "más allá" está ahí, independientemente de nuestros razonamientos. (De otro modo, cada uno podría crear su propia matemática, y no habría ninguna coherencia ni concordancia entre la matemática de una persona y la matemática de otra.) Y también es necesario creer que ese "más allá" matemático es consistente con nuestro razonamiento humano aquí en la tierra. De otro modo, no habría ninguna razón para asumir que la matemática siquiera es posible; y aun mucho menos podríamos asumir que la matemática sea lógicamente consistente.

¿Se puede evitar el "más allá" en la matemática?

Unos matemáticos racionalistas intentaron evitar esta necesidad de "fe", diciendo que los axiomas pueden elegirse arbitrariamente. Es cierto que se pueden "inventar" nuevos sistemas axiomáticos, y usarlos para fundamentar una nueva clase de matemática. Pero en la práctica resulta muy difícil, diseñar un sistema axiomático que sea distinto del "usual", y sin embargo lógicamente coherente. La mayoría de los intentos de esa clase o resultan inútiles, o nos llevan a los números, operaciones y figuras geométricas tales como siempre los conocimos; y entonces los axiomas resultan equivalentes a los sistemas anteriores.

Existe una excepción notable, un ejemplo de unos sistemas axiomáticos "diferentes" que sí "funcionan" y son útiles: las geometrías no-euclidianas. Estas se distinguen de la geometría clásica en un único axioma: el "postulado de las paralelas". Por muchos siglos, los matemáticos dudaron de si se trataba realmente de un axioma[21], e intentaron demostrarlo mediante otros axiomas, pero fracasaron. Finalmente se pudo demostrar que realmente se trata de un axioma; y la demostración se basa en el hecho de que lo podemos sustituir por otro axioma contrario, y entonces resulta otra clase de geometría que igualmente es lógicamente coherente.

Una forma de formular ese axioma es: "Por un punto dado en el plano pasa exactamente una paralela a una recta dada." (Euclides lo formuló de una manera mucho más complicada, pero equivalente.) – Ahora, las geometrías no-euclidianas remplazan este axioma por otro, por ejemplo: "Por un punto dado en el plano no pasa *ninguna* paralela a una recta dada." – O: "Por un punto dado en el plano pasan *infinitas* paralelas a una recta dada."

---

21) En realidad, Euclides y los matemáticos que le siguen hacen una diferencia sutil entre "postulado" y "axioma". Un "postulado" es una propiedad que el matemático "postula" o "exige" como necesario para que la matemática sea posible; mientras un "axioma" es una propiedad que el matemático acepta por ser evidente. Pero para las reflexiones que hacemos aquí, esta diferencia no es importante.

15. La matemática como ciencia de los fundamentos o principios

Al investigar estas geometrías no-euclidianas, se encontró no solamente que son lógicamente coherentes, sino que en su mayoría tienen también correspondencias en el mundo físico. La primera ("no existe ninguna paralela") corresponde p.ej. a la geometría en la superficie de una esfera, si una "recta" se define como un círculo máximo en la superficie; o sea, un círculo cuyo radio es igual al radio de la esfera. Comparada con la geometría plana, significaría que el "plano" se "encoge" a la distancia. – La otra posibilidad lleva a la geometría de un plano hiperbólico; o sea, un "plano" que se "dilata" a la distancia. – Muchos científicos asumen que el espacio de nuestro universo no es "recto", sino que tiene efectivamente una curvatura, de manera que su geometría tendría que describirse de una manera no-euclidiana.

¡Nuevamente una coincidencia sorprendente entre una "construcción mental" matemática y el mundo físico! Parece que aun cuando los matemáticos intentan deliberadamente sobrepasar el ámbito de los axiomas "evidentes por sí mismos", no pueden escapar de una realidad superior que simplemente "es" ahí.

Quizás tenemos que mencionar en este contexto también el teorema de incompletitud de Gödel. El matemático austriaco Kurt Gödel logró demostrar formalmente que no existe ningún sistema axiomático que incluya la aritmética, que sea lógicamente consistente y a la vez completo. Un sistema es "lógicamente consistente" cuando no se pueden deducir de él dos proposiciones que se contradicen. Con un sistema "completo" se entiende un sistema que permite demostrar lógicamente, a partir de los axiomas, todo teorema que se puede posiblemente formular dentro del sistema. Ahora, según el teorema de Gödel, si un sistema axiomático que describe la aritmética es lógicamente coherente, no puede a la vez ser completo. O sea, dentro de ese sistema se podrán formular ciertos teoremas o proposiciones que no permiten decidir o demostrar si son verdaderos o falsos.

Eso fue una gran decepción para aquellos matemáticos que se habían propuesto elaborar una fundamentación "completa" de toda la matemática, o que esperaban una solución de parte de nuevos sistemas axiomáticos. Entonces, ¿la matemática no es tan "perfecta" como la hemos descrito hasta ahora?

No creo que sea eso lo que dice el teorema de Gödel. Este teorema no se refiere a la matemática "en sí". Se refiere a nuestra capacidad mental de describir, sistematizar y fundamentar la matemática. Nuestra capacidad mental es limitada. *Para nosotros como humanos* es imposible, y siempre lo será, describir la matemática entera de manera coherente. Pero eso no significa que la matemática *en sí* sea incompleta o incoherente.

Podríamos incluso decir que el teorema de Gödel describe algo que también la Biblia describe: que nuestras capacidades mentales son afectadas por el pecado. "Porque aunque conocieron a Dios, no le dieron gloria como corresponde a Dios, ni le agradecieron, sino que se volvieron vanos en sus pensamientos, y su corazón sin entendimiento fue oscurecido. " (Romanos 1:21) No es la matemática que es "incompleta", pero nuestras capacidades mentales.

Entendido de esta manera, entonces, el teorema de Gödel confirma lo que hemos dicho: La matemática es trascendente, va más allá de nuestra mente; y nuestras mentes son demasiado pequeñas para poder contener alguna vez "toda" la matemática que existe. Siempre habrá algo "más allá" de lo que conocemos o de lo que somos capaces de describir. Desde una perspectiva cristiana, la matemática sirve entonces también para enseñarnos humildad.

16. Lo negociable y lo no negociable en la matemática

Hemos hablado mucho de principios, leyes, y propiedades fundamentales. Pero la enseñanza escolar de la matemática se ocupa mayormente de otros asuntos: cómo leer y escribir números, cómo sumar y restar, cómo se llaman las partes de una operación, etc. Los alumnos raramente se encuentran con leyes y principios. La mayor parte de su tiempo tienen que ocuparse de aprender notaciones y símbolos, términos técnicos y procedimientos. En otras palabras, tienen que ocuparse con lo que yo llamo los elementos *negociables* de la matemática. Los símbolos y notaciones fueron definidos por el hombre – a veces de manera bastante arbitraria –, a diferencia de los leyes y principios que son incambiables, *no negociables*.

Por ejemplo los símbolos de los números no obedecen a ninguna necesidad matemática. De hecho, en diferentes lugares y en diferentes épocas se usaron símbolos diferentes para los números. Lo que nosotros escribimos 12, los antiguos romanos escribían XII, y los griegos IB. Si algún día alguien inventa una manera más práctica de escribir números que la nuestra, seguramente cambiaremos los símbolos una vez más.

Pero los números en sí no cambian sus propiedades, aun si los escribimos con símbolos diferentes. Treinta y dos es divisible entre cuatro y siempre lo será, no importa si escribimos 32 y 4, ó XXXII y IV (como los romanos), o ΛB y Δ (como los griegos).

Lo mismo vale para los símbolos de las operaciones (+, −, x, ÷). Podríamos todos ponernos de acuerdo en que desde ahora, para una suma ya no usaremos el signo +, sino el signo ⊣. Este cambio no afectaría en nada a la matemática; las propiedades de la suma seguirán siendo las mismas. Lo único que cambiaría sería nuestra manera de *comunicar* la matemática.

Tales símbolos y notaciones no son leyes o principios de la matemática. Son *convenciones*, o sea, *acuerdos mutuos* entre las personas que los usan. A veces, tales acuerdos se hacen de manera oficial en conferencias formales (por ejemplo cuando se decidió adoptar el sistema métrico de pesos y medidas). Pero con mucho más frecuencia, las notaciones llegan a establecerse porque un número cada vez mayor de personas (y en particular los matemáticos) deciden usarlas. Y así como se ponen de acuerdo en usarlas, también pueden ponerse de acuerdo en usar otras.

Lo mismo aplica a los procedimientos, y a los términos técnicos y sus definiciones. No es ninguna ley matemática que las partes de una fracción deban llamarse "numerador" y "denominador". Podríamos llamarlos "el número de arriba" y "el número de abajo"; eso no afectaría sus propiedades matemáticas en nada.

Tampoco es una ley matemática que las sumas y las restas deban efectuarse de forma vertical y desde la derecha hacia la izquierda. En la India lo hacen desde la izquierda hacia la derecha, y corrigen sucesivamente los dígitos donde hay algo que "llevar". En Japón no lo hacen en papel, sino en un ábaco. Lo uno es tan "matemáticamente correcto" como lo otro. También es correcto, por ejemplo, sumar así:

$$375 + 987 = 1375 - 13 = 1362.$$

(Es correcto porque 987 = 1000 – 13. Entonces 375 + 987 = 375 + 1000 – 13, y continúa como arriba.)

Cada uno puede inventar procedimientos nuevos. Todo procedimiento es válido, *mientras respeta las leyes de la matemática*.

Entonces no hay que dar a los alumnos la impresión de que las notaciones y los procedimientos y términos técnicos sean lo más importante en la matemática. Eso sería como la actitud de los fariseos que "limpian lo de fuera del vaso y del plato, pero por dentro están llenos de robo y de injusticia" (Mateo 23:25). Lo esencial de la matemática no son las formas exteriores. Lo esencial es entender los principios y leyes, y saber aplicarlos.

Si ponemos un énfasis exagerado en las formas exteriores, entonces nos confundimos cuando nos encontramos con alguien que usa formas distintas. Por ejemplo, en algunos países la coma se usa como separador de miles. Entonces, el número 12,000 significaría "doce mil". En otros países, la coma se usa como separador de los decimales. Entonces 12,000 significaría "doce coma cero", o sea doce enteros.

Pero no es la matemática que es diferente en los diferentes países. Las propiedades matemáticas siguen siendo las mismas en todo lugar. Lo único que difiere es la *notación* de la matemática.

Las convenciones pueden también cambiar en el transcurso del tiempo. Si abrimos un libro de matemática del siglo 19 o antes, encontramos que el número 1 se cuenta entre los números primos. Durante el siglo 20, más y más matemáticos comenzaron a adherirse a la costumbre de definir el 1 como "no primo". En los libros actuales encontramos que el 1 no se incluye entre los números primos. ¿A qué se debe este cambio?

- En la definición de los números primos hay una pequeña ambigüedad. Antiguamente se definían como "números que son divisibles solamente entre 1 y entre sí mismos", o también como "los números no compuestos". El 1 es divisible solamente entre 1 y entre sí mismo (que también es 1); entonces según esta definición el 1 es primo.

Pero en el transcurso del siglo 20, los matemáticos empezaron a darse cuenta de que eso no era tan práctico. Es que existen diversos teoremas acerca de los números primos que no se aplican al número 1. Por ejemplo el Teorema

16. Lo negociable y lo no negociable en la matemática

Fundamental de la aritmética: "Todo número natural se puede descomponer en factores primos de una única manera." – Por ejemplo 6 = 2 x 3, 12 = 2 x 2 x 3, 30 = 2 x 3 x 5, etc. – Pero ¿qué pasa si admitimos el 1 como factor primo? Entonces tenemos por ejemplo:

6 = 2 x 3

6 = 1 x 2 x 3

6 = 1 x 1 x 2 x 3

6 = 1 x 1 x 1 x 1 x 1 x 1 x 1 x 2 x 3

... o sea, existen muchas diferentes descomposiciones en números primos; pero ninguna de estas descomposiciones nos provee alguna información nueva. Entonces habría que reformular el teorema: "Todo número natural se puede descomponer en factores primos – *excepto el 1* – de una única manera." – Y de manera similar habría que reformular diversos otros teoremas. Eso no es práctico. Es mucho más práctico ponernos de acuerdo en que no incluimos el 1 entre los números primos. Así se necesita cambiar una única definición – la de los números primos –, y eso es más práctico que reformular un gran número de teoremas. Así se llegó a un acuerdo, una convención, de que el 1 se define como "no primo". Por ejemplo, una definición posible que excluye el 1 sería la siguiente: "Un número primo es un número que tiene *exactamente dos divisores* – el 1 y el número mismo." El 1 no tiene dos divisores, tiene uno solo; entonces en esta definición el 1 no está incluido.

Ahora, ¿significa esto que la matemática ha cambiado durante el siglo 20? ¿o que las propiedades de los números han cambiado? – No, la matemática en sí no ha cambiado. Las propiedades del número 1 y de los números primos no han cambiado en nada. Tanto en el siglo 19 como en el siglo 21, el 1 era y es el único número natural que tiene un único divisor. Lo único que cambió ligeramente es el uso del término "número primo". Pero eso no es una cuestión matemática propiamente dicha, es una cuestión lingüística.

Ahora, no estoy diciendo que no fuera importante aprender los símbolos, los términos técnicos, y sus definiciones. Eso es importante para poder *comunicarnos unos con otros* acerca de la matemática, y para evitar malentendidos. Pero no debemos pensar que eso fuera la *esencia* de la matemática. Para comprender la matemática en sí, los símbolos y las notaciones realmente no son importantes. Son elementos negociables que pueden cambiar. Pero "la matemática en sí" es lo que no es negociable: los principios absolutos y universales.

Los matemáticos pueden reunirse y decidir cambiar la definición de lo que entendemos con un "número primo". Pueden decidir cambiar los símbolos que usamos para escribir los números o las operaciones. Pueden inventar símbolos nuevos. Pero aun todos los matemáticos del mundo juntos no tienen la autoridad de derogar la ley distributiva, o de ponerse de acuerdo en que desde ahora 2 x 5 sea 399. Lo que es "la matemática en sí", no se puede decidir o alterar por consenso. La matemática no es una ciencia social. Las verdades matemáticas son absolutas y universales; o sea, pueden ser verificadas por toda persona que entiende los datos involucrados, sin necesidad de recurrir a alguna autoridad externa.

Eso tiene nuevamente su paralela en la vida cristiana. Diversas iglesias y grupos cristianos se han puesto de acuerdo en asuntos exteriores: dónde y cuándo reunirse, qué canciones cantar, qué programa seguir en sus reuniones, qué procedimientos tiene que seguir un nuevo miembro para ser admitido, quiénes pueden repartir la cena del Señor, etc. Algunas de estas organizaciones han llenado miles de páginas con reglamentos y leyes internos. Algunas hasta tienen reglas muy detalladas de cómo vestirse, o qué títulos usar al dirigirse a sus líderes. Todo eso son asuntos negociables, asuntos de convención y acuerdo mutuo, y a menudo incluso asuntos de los cuales el Señor dijo que no debemos hacer ninguna ley al respecto. La esencia de la fe y de la vida cristiana no es nada de eso. Lo que no es negociable en la vida cristiana, es la palabra de Dios. Esa es la verdad absoluta que rige la vida cristiana, así como los principios y leyes matemáticos rigen la matemática.

> "¿Por qué también ustedes cometen transgresión del mandamiento de Dios por su tradición? (...) Este pueblo con los labios me estima, pero su corazón está lejos de mí. En vano me reverencian, enseñando enseñanzas y mandamientos de hombres." *(Mateo 15:3-9)*

No confundamos verdades absolutas con tradiciones relativas; no confundamos la palabra de Dios con mandamientos de hombres; y no confundamos leyes de la matemática con convenciones establecidas por hombres.

Parte IV: Temas diversos

17. Unos grandes matemáticos y su fe

Deseo en este capítulo describir cómo algunos matemáticos y científicos famosos expresaron el aspecto espiritual de la matemática (o del razonamiento). Algunos de los que mencionaré fueron cristianos decididos y comprometidos, aunque quizás no con una iglesia en particular, pero con la verdad de Dios revelada en la Biblia. Otros probablemente no fueron cristianos personalmente, pero vivían en una cultura profundamente influenciada por la palabra de Dios, y por tanto seguían líneas bíblicas en su razonamiento. Y mencionaré también unos cuantos que no fueron cristianos en absoluto, pero cuyo pensamiento ilustra nuestro tema desde un ángulo particular.

Pitágoras (Siglo 6 A.C.)

Junto con Thales, Pitágoras colocó los fundamentos para la matemática de los antiguos griegos. Para él, la matemática fue una ocupación profundamente religiosa. Según Pitágoras, los números tenían cualidades divinas y constituían el principio fundamental del universo: "Todo es número."

Pitágoras fundó una hermandad que se dedicaba al estudio de la matemática y filosofía. (De hecho, los antiguos griegos no distinguían entre matemática y filosofía.) Fue la costumbre de esta hermandad, atribuir todos sus descubrimientos matemáticos a su fundador. Por eso, hasta hoy no se sabe si sus resultados (como por ejemplo el famoso "Teorema de Pitágoras") fueron realmente descubiertos por Pitágoras mismo, o por sus alumnos. – Además, los pitagoreos tenían que comprometerse a no divulgar los descubrimientos de la hermandad a nadie que no fuera miembro. Solamente varios siglos después, cuando la hermandad se disolvió, sus descubrimientos fueron publicados.

Los pitagoreos atribuían ciertas propiedades simbólicas a los números. Por ejemplo el número 1 significaba el origen, el fundamento de todo. Los números pares eran "femeninas", y los impares (con excepción del 1) "masculinos". El 5 simbolizaba el matrimonio, porque es la suma de 2 + 3, el primer número femenino con el primer número masculino.

Otro concepto importante de los pitagoreos fue la *proporción* y la *armonía*. Ellos investigaban las proporciones matemáticas entre las frecuencias de las notas musicales, y encontraron que aquellas notas que armonizan juntas, son las que tienen entre sí las proporciones más sencillas. *(Vea en el Capitulo 20, "Matemática, armonía y belleza".)*

El mismo concepto lo introdujeron en la astronomía: Pitágoras y sus seguidores enseñaban que los planetas estaban fijados en las superficies de unas esferas transparentes gigantescas, y que sus movimientos eran debidos al movimiento giratorio de las esferas enteras. Cada esfera se movía con una frecuencia particular, y juntas debían producir una especie de "música celestial", aunque nuestros oídos no pueden percibirla.

En el concepto original de Pitágoras existían solamente los números naturales, y las proporciones entre números naturales (o sea los números racionales, los que pueden representarse como fracciones). Si los números (naturales) eran el fundamento y la esencia del universo, todo lo que existía debía poder expresarse mediante números naturales. Este concepto recibió un duro golpe, cuando uno de los pitagoreos logró demostrar que la proporción entre el lado de un cuadrado y su diagonal no puede expresarse como una proporción entre números naturales. (En otras palabras, que la raíz cuadrada de 2 es irracional.) Un relato no confirmado dice que los otros miembros de la hermandad se escandalizaron tanto que ahogaron al infeliz descubridor de este hecho en el mar.

Platón (Siglo 4 A.C.)

Platón es más conocido como filósofo que matemático. De hecho, hizo muy pocos descubrimientos matemáticos. Pero exigió de todos sus alumnos que tuvieran conocimientos previos de matemática; y estableció unos criterios para la validez lógica de una demostración matemática. Sobre la entrada de su academia filosófica estaba escrito: "Ningún ignorante de geometría entre aquí."

Platón recogió muchas ideas de los pitagoreos; por ejemplo su convicción de que el universo está basado en principios invisibles, trascendentales y eternos. Según Platón, esos principios incluían no solamente los números, sino toda clase de ideas abstractas. Esas ideas eran la realidad primaria, y el mundo visible, según Platón, era solamente una manifestación secundaria de esas ideas. Esta filosofía conducía a un desprecio del mundo creado: solamente lo espiritual y lo abstracto tenía valor.

Podemos decir que Platón y los pitagoreos se acercaban al concepto bíblico de que el universo está gobernado por los decretos soberanos de Dios. Platón incluso hablaba de "Dios" o "la deidad"; y cuando le preguntaron de qué se ocupa Dios, respondió: "Él geometriza constantemente."

Pero Platón y los pitagoreos no reconocían al Dios Creador como *persona*. Para ellos, las ideas y los números *en sí* eran divinos. (Desde un punto de vista bíblico, eso es una forma de idolatría.) Así consideraban la última realidad como abstracta, sin personalidad. (A pesar de ello, Platón se refiere en sus obras frecuentemente a los dioses griegos que son parte del mundo material, no de la trascendencia, porque se describen de manera similar a los hombres, solamente con mayores capacidades.)

La filosofía platónica tampoco reconocía la actividad propia, creadora, de la mente humana al elaborar la matemática: Según Platón, toda adquisición de conocimientos no era nada más que un "recordar" de las ideas que nuestra alma conocía, cuando se encontraba todavía en el ámbito de las "ideas puras". (Eso presupone la preexistencia del alma.)

En consecuencia de su cosmovisión, Platón impuso una restricción severa a la geometría: Todas las construcciones geométricas debían efectuarse únicamente con regla (sin graduación) y compás. Toda otra herramienta mecánica, que usaba por ejemplo ruedas, hilos, palancas, etc., era prohibida. Eso fue por su convicción de que la matemática era una ocupación tan espiritual y celestial, que no debía practicarse con herramientas terrenales, excepto las absolutamente necesarias.
Posteriormente, este principio limitaba mucho el progreso de la matemática griega, cuando se empezaron a estudiar temas avanzados como las secciones cónicas, o el cálculo de áreas y volúmenes de círculos, esferas, etc. Esos problemas requerían para su solución unas curvas de orden superior que no podían construirse con regla y compás.

En resumen podemos decir que Pitágoras, Platón, y sus seguidores, lograron grandes avances porque reconocieron que la matemática es algo trascendente y casi "divino". Pero fallaron en relacionar adecuadamente la trascendencia de la matemática con la inmanencia, o sea con el mundo de aquí, el mundo material; porque no reconocieron este mundo como la creación valiosa de un Dios que tiene personalidad.

John Napier (1550 – 1617)

Napier, un escocés de descendencia noble, es conocido en primer lugar como el descubridor de los logaritmos. Las tablas de logaritmos facilitan enormemente los cálculos aritméticos, porque permiten convertir una multiplicación en una adición, una división en una sustracción, una potenciación en una multiplicación, y una radicación en una división.
Además, Napier inventó la primera precursora de una calculadora mecánica: un mecanismo con reglas de marfil que permite efectuar multiplicaciones largas con bastante rapidez. *(Vea en el libro de Primaria II, Unidad 28).*

Sin embargo, Napier se ocupaba de problemas matemáticos solamente como pasatiempo. Su ocupación principal era la teología. Escribió un extenso comentario acerca del Apocalipsis, en el cual explicó detalladamente el significado de los números que aparecen en ese libro. Usó la matemática para elaborar una cronología (bastante especulativa) de los eventos profetizados en el Apocalipsis, intentando armonizarla con los sucesos históricos del imperio romano, de Europa y del Medio Oriente. Su primer incentivo para estudiar matemática fue entonces su deseo de comprender las profecías bíblicas.

Los escritos teológicos de Napier fueron un éxito en su tiempo, mientras sus estudios matemáticos no encontraron mucha comprensión por parte de sus contemporáneos cercanos. Hubo incluso rumores de que él tenía un pacto con el diablo. Eso era probablemente debido a su ingenio, y que él tenía unas costumbres extrañas. Por ejemplo, se vestía siempre de negro, y solía caminar acompañado por un gallo negro. Pero eso debe haber sido su manera de asegurarse el respeto y temor de sus criados supersticiosos. Se cuenta que una vez sucedió un robo en su residencia, y él sospechaba de los criados. Entonces puso el gallo negro en una habitación oscura, y ordenó a sus criados entrar uno por uno y tocar el gallo, y les dijo que el gallo iba a cantar para delatar al ladrón. El gallo no cantó; pero pocos minutos después, Napier supo quien era el ladrón, y los criados pensaban que fue por arte de magia. Sin embargo, la explicación era completamente natural, y testifica mas bien de la inteligencia práctica de Napier: El ladrón no se atrevió a tocar el gallo, por temor a ser descubierto. Pero Napier había untado las plumas del gallo con brea. Por tanto, el único criado que no tenía las manos manchadas debía ser el ladrón.

Napier solía concluir sus libros con una oración de agradecimiento. Un ejemplo: "Al Mejor Dios, el Más Grande, y a todos Sus números infinitos, inmensos y perfectos, sea atribuido toda alabanza, honra y gloria por la eternidad. Amén."

Por lo demás, sus obras matemáticas contienen pocas referencias a su fe. Pero se nota que una motivación fuerte de sus estudios matemáticos fue el amor al prójimo y el deseo de servirles. Sus descubrimientos más importantes en este campo tenían la finalidad de ayudar a otros matemáticos, facilitándoles los cálculos con números grandes. Recordemos que en aquellos tiempos, todos los cálculos tenían que efectuarse a mano. En la introducción a la descripción de su invento de los logaritmos, Napier dice:
"Ya que es lo mejor, dar a conocer el secreto a todos, como todas las cosas buenas, entonces es una tarea agradable, exponer el método para su uso público por los matemáticos. Así que, estudiosos de la matemática, acepten y disfruten libremente de esta obra que fue producida por mi benevolencia." *(Napier 1619)*

Uno de los beneficiados directamente fue el astrónomo Johannes Kepler. Había demorado cuatro años enteros en calcular con exactitud la órbita del planeta Marte. Después encontró la obra de Napier acerca de los logaritmos, la cual le permitió efectuar los cálculos para los otros planetas en mucho menos tiempo. En 1619, Kepler envió una carta de agradecimiento a Napier; pero tuvo que enterarse de que el inventor había fallecido hacía dos años.

Vemos en estos ejemplos que una perspectiva cristiana acerca de la matemática no se limita a las preguntas filosóficas acerca de su origen y naturaleza. Otra pregunta importante es, *con qué motivación y para qué propósitos* estamos haciendo matemática. Hoy en día, cuando alguien pregunta para qué aprender matemática, normalmente recibe una respuesta similar a esta: "Para encontrar un trabajo en nuestra sociedad tecnologizada, y para ser competitivos." O sea, predomina una motivación pragmática, materialista, y hasta agresiva: la matemática se ve como una herramienta para adquirir riquezas, influencia y poder, y para vencer a posibles competidores. Comparemos esto con la motivación de Napier quien estudió matemática para comprender mejor los diseños de Dios, y para servir mejor a sus prójimos.

Johannes Kepler (1571 – 1630)

El astrónomo Kepler escribió en sus obras muy abiertamente acerca de su convicción de que el universo es la obra maestra de Dios, y que los planetas se mueven de acuerdo a los decretos de Dios. Ya hemos mencionado su convicción de que "hacer matemática es pensar los pensamientos de Dios detrás de Él."

En la ciencia se considera que el descubrimiento más importante de Kepler son sus leyes acerca de las órbitas de los planetas. Estas leyes demuestran que las órbitas son elipses, y describen matemáticamente las relaciones entre las velocidades con que se mueven los planetas, y sus distancias del sol.

Sin embargo, estas leyes se encuentran bastante escondidas en las obras de Kepler. Parece que él mismo las consideró solamente como resultados marginales de sus investigaciones en un tema que le parecía mucho más importante: las armonías escondidas en las proporciones del sistema solar.

En este respecto, Kepler seguía muchas ideas de Pitágoras. Podemos decir que él cristianizó la cosmovisión pitagórica: Como Pitágoras, mantuvo que el universo está basado en ciertas armonías fundamentales que se expresan en forma de proporciones matemáticas. Pero según Kepler, estas armonías no son la última realidad: son expresiones de los decretos de Dios, el Creador:

> "Por tanto, ya no te maravillarás de que los hombres establecieron un orden muy excelente de notas en una escala musical, porque ves que en este respecto no hacen otra cosa que imitar al Dios Creador, representando como en un teatro la ordenación de los movimientos celestiales. (...)
> Así, los movimientos de los cielos no son otra cosa que una polifonía eterna (...) a seis voces, que señala y distingue la inmensidad del tiempo con sus notas musicales. Por tanto no es una sorpresa que el hombre, imitando a Dios, haya finalmente descubierto el arte del canto polifónico, que era desconocido a los ancianos, (...) para que en cierta medida experimente la satisfacción de Dios, el Artesano, con Sus propias obras, en este dulce sentimiento de la delicia ocasionada por esta música que imita a Dios." *(Kepler 1618)*

Kepler atribuyó a Dios también la capacidad del hombre de hacer matemática:

> "Él mismo permitió al hombre participar en el conocimiento de estas cosas, y así estableció Su imagen en el hombre, en una medida no pequeña. Ya que Él reconoció esa imagen como muy buena, Él reconocerá más prontamente nuestros esfuerzos, con la luz de esta imagen, de traer a la luz del conocimiento el uso de los números, pesos y medidas que Él señaló en la creación. Estos secretos no son de la clase cuya investigación debería ser prohibida; al contrario, son puestos ante nuestros ojos como un espejo, para que al examinarlos, observemos la bondad y sabiduría del Creador."

(Kepler 1618)

Kepler tampoco dudó en hacer aplicaciones morales y espirituales de sus descubrimientos:

> "Que el Creador de los cielos (...) obre para que nosotros, los imitadores de Dios por la ayuda del Espíritu Santo, igualemos la perfección de Sus obras en la santidad de la vida, (...) y que nos mantengamos lejos de toda discordia de enemistad, contenciones, rivalidades, ira, peleas (...) Padre Santo, mantennos seguros en la concordia de nuestro amor unos por otros, para que seamos uno, como Tú eres uno con Tu Hijo, oh Señor, y con el Espíritu Santo, y como Tú unificaste todas Tus obras a través de las uniones más dulces de armonías (...)"
> *(Kepler 1618)*

Como astrónomo, una tarea importante de Kepler consistía en observar las posiciones de los planetas, para poder calcular sus órbitas con la mayor exactitud posible, y predecir sus posiciones futuras. Pero por sus convicciones acerca de las armonías fundamentales del universo, él dedicó grandes esfuerzos a la investigación de las proporciones entre los diámetros de las órbitas de los planetas, y entre sus períodos y velocidades. Aplicando la idea pitagórica acerca de la "música de las esferas celestiales", calculó para cada planeta el radio de una esfera imaginaria que contendría la órbita del planeta, y las proporciones entre estas esferas, para deducir de allí las armonías musicales que producirían los movimientos de los planetas. Además conjeturó que esas esferas debían tener las medidas exactas para que entre cada esfera y la siguiente cabía uno de los cinco cuerpos regulares, circunscrito a la esfera menor e inscrito a la esfera mayor. Así, entre las órbitas de Mercurio y Venus entraría un octaedro, entre Venus y la Tierra un icosaedro, entre la Tierra y Marte un dodecaedro, entre Marte y Júpiter un tetraedro, y entre Júpiter y Saturno un cubo. Fue en el transcurso de la investigación de estas proporciones, que descubrió sus leyes ahora famosas.

Científicos posteriores recalcularon estas proporciones y encontraron que este modelo de los cuerpos regulares no coincide bien con las medidas verdaderas; aunque existe cierto margen de ajuste por la forma elíptica de las órbitas, donde Kepler pudo escoger entre el eje mayor, el eje menor, o algún valor intermedio entre los dos. Aun así, parece que en este caso la convicción de Kepler de que Dios debía haber creado un universo completamente "armonioso", lo llevaba a unas conclusiones erradas, porque él mezclaba este concepto con las ideas pitagóricas. (Si su modelo hubiera sido correcto, una consecuencia hubiera sido que no podían existir otros planetas más allá de Saturno, porque no existen más que cinco cuerpos regulares.) Sin embargo, descubrió al mismo tiempo las verdaderas leyes matemáticas que gobiernan el movimiento de los planetas.

Más tarde, Newton iba a demostrar dónde reside la verdadera armonía del sistema solar y del universo entero: en un único principio unificador, la ley universal de la gravedad. Esta explicación edifica encima del modelo de Kepler, pero es a la vez más sencilla, y de aplicación más amplia. La convicción fundamental de Kepler quedó confirmada: que Dios creó un universo armonioso y consistente, y lo gobierna mediante leyes universales que se pueden describir matemáticamente.

Isaac Newton (1642 – 1727)

Newton hizo una multitud de descubrimientos matemáticos y científicos. Entre ellos destacan: La fundamentación y sistematización del cálculo infinitesimal (al mismo tiempo como Leibniz); las leyes de Newton acerca de las fuerzas y el movimiento; la ley universal de la gravedad.

Pero de una manera aun más fundamental, Newton fue el primer científico quien edificó su entera teoría consecuentemente sobre la premisa de que existen "leyes naturales" constantes y universales, que describen los fenómenos de la naturaleza inanimada; y que estas leyes se pueden expresar mediante fórmulas matemáticas. Esta idea, que hoy en día se considera "normal", fue revolucionaria en los tiempos de Newton. Y esta idea fue una consecuencia de la firme convicción de Newton, de que el universo fue creado por un Dios racional, de manera ordenada, y que el mismo Dios también nos creó a nosotros con nuestra capacidad de razonar y de investigar el universo. Solamente con este trasfondo, Newton pudo siquiera albergar alguna esperanza de éxito en su intento de descubrir las leyes del funcionamiento del universo.

Repetiré aquí las palabras con las que Newton concluye su obra más importante, *"Principios matemáticos de la filosofía natural"*:

> "Este sistema tan hermoso del sol, de los planetas y cometas, pudo originarse solamente en el consejo y dominio de un ser inteligente y poderoso. Y si las estrellas fijas son los centros de otros sistemas similares, esos también, formados por el mismo consejo sabio, deben todos estar sujetos al dominio de Uno; especialmente puesto que la luz de las estrellas fijas es de la misma naturaleza como la luz del sol (...)
> Este ser gobierna todas las cosas (...) como Señor sobre todo; y por su dominio él es llamado Señor Dios Gobernador Universal (...)"

En sus años posteriores, Newton se dedicó más a la teología que a la física. Compartía el interés de Napier por el libro de Apocalipsis, y estableció una cronología similar a la suya. Ya que Newton no menciona a Napier en sus obras, no se sabe si él conocía la obra de Napier, o si llegó independientemente a conclusiones similares.

A base de sus estudios del Apocalipsis, Newton expresó una convicción fuerte de que según las profecías bíblicas, el poder político del papado tenía que ser quebrantado por la prevalencia del ateísmo por algún tiempo, en un futuro bastante cercano, antes de que el cristianismo primitivo pudiera ser restaurado; y con eso prácticamente predijo la Revolución Francesa que iba a estallar unos 60 años después de su muerte. *(Según Elloit.)*

René Descartes (1596 – 1650)

Descartes es conocido por comenzar corrientes nuevas, tanto en la filosofía como en la matemática. En la matemática, él introdujo el uso de un sistema de coordenadas, que según su nombre fueron llamadas "coordenadas cartesianas". Con eso puso las bases para la geometría analítica, la cual proveyó por primera vez una conexión directa entre álgebra y geometría.

En la filosofía, él comenzó la corriente del *racionalismo*. El racionalismo dice básicamente que el hombre puede conocer y descubrir toda la verdad mediante su propio razonamiento. De cierta manera, Descartes intentó aplicar métodos matemáticos a la filosofía, y a sus pensamientos acerca de todo lo que existe. En este contexto es famoso el dicho de Descartes: "Cogito, ergo sum", que normalmente es traducido "Pienso, por tanto soy". Pero una traducción más acertada sería: "*Dudo*, por tanto soy". Su idea clave fue, que la verdad debía encontrarse cuando uno duda de todo lo que no es absolutamente seguro. Y encontró que tenía razones de dudar de todo, aun de la realidad de lo que vemos y percibimos con nuestros sentidos (porque podría ser una ilusión). Lo único que no podía poner en duda fue el hecho de que él dudaba. Por eso, Descartes edificó su sistema filosófico sobre la "duda metódica".

En consecuencia, sus seguidores dijeron que no había lugar para Dios en la filosofía ni en la ciencia, porque su existencia no es evidente, por tanto no había razón para creer en Él. Pero el mismo Descartes no sacó esta conclusión radical. Al contrario, él dijo desde el inicio que la fe en Dios estaba excluida de sus dudas:

> "La primera (máxima[22]) fue obedecer las leyes y costumbres de mi país, adhiriendo firmemente a la fe en la cual, por la gracia de Dios, yo había sido educado desde mi niñez, (...) Habiéndome entonces provisto de estas máximas, y habiéndolas puesto en reserva junto con las verdades de la fe que siempre han ocupado el primer lugar en mis creencias, llegué a la conclusión de que yo podía en libertad emprender el despojarme de lo que quedaba de mis opiniones." *(René Descartes, "Discurso del método")*

Más tarde, Descartes hace incluso un intento de demostrar racionalmente la existencia de Dios:

> "Reflejando acerca de la circunstancia de que yo dudaba, y que en consecuencia mi ser no estaba completamente perfecto (porque vi claramente que el saber es una mayor perfección que el dudar), fui guiado a inquirir de dónde yo había aprendido a pensar en algo más perfecto que yo mismo; y reconocí claramente que yo debía tener esta noción desde algún Ser que en realidad era más perfecto. (...) Haber recibido (esta noción) de la nada, fue manifiestamente imposible. Y es no menos repugnante que lo más perfecto sea un efecto y una dependencia de lo

---

[22] "Máxima" = regla o norma de conducta.

menos perfecto, y por tanto fue igualmente imposible que yo pudiera haberla adquirido de mí mismo. Por tanto, solamente quedaba que (esa noción) fue puesta en mí por un Ser que en realidad es más perfecto que el mío, y que incluso posee dentro de sí mismo todas las perfecciones de las que yo podía formar alguna idea; o sea, en una sola palabra, quien es Dios." *(Op. cit.)*

Con estos y otros razonamientos similares, Descartes se defendió contra la acusación de que su filosofía llevaba al ateísmo. No se sabe hasta dónde él mismo estaba consciente de las consecuencias de sus ideas. Es que en última consecuencia, su "demostración de Dios" se destruye a sí misma: Si la existencia de Dios es una conclusión racional necesaria, entonces Dios está sujeto a la razón humana. El "Dios" de Descartes no es soberano: su ser tiene que conformarse a los conceptos de la razón humana. Esto significa que en el fondo (y sin decirlo directamente), Descartes atribuye a la razón humana una perfección superior a Dios. Por eso, los racionalistas después de él pudieron fácilmente llegar a la conclusión opuesta: La razón humana es suficiente para descubrir toda la verdad; por tanto no hay necesidad de la revelación de Dios, y ni siquiera de su existencia.

(Como hemos visto en el capítulo 14, el racionalismo no logró realmente explicar el universo. Para poder investigar el universo científicamente, es necesario hacer la presuposición "irracional" de que el universo funciona según leyes fijas y constantes.)

Descartes fue el primer filósofo y matemático que cortó la relación entre Dios y la matemática: Por un lado, él veía el mundo como la creación de Dios, y la matemática como un medio apropiado para describir el funcionamiento del universo. Pero a diferencia de Newton, Descartes veía la matemática como una propiedad inherente de la naturaleza, independientemente de si Dios existía o no, y sin relación con la trascendencia.

Podemos decir que Descartes intentó integrar ideas cristianas dentro de una cosmovisión que en el fondo no era cristiana. Él quiso preservar su fe en Dios, y en que el universo es creado por Dios; pero en su cosmovisión, la razón humana y la matemática eran "más fundamentales" que Dios. En vez de hacer matemática en dependencia de Dios, Descartes inventó un sistema filosófico donde Dios dependía de la matemática. Eso fue el primer paso para perder por completo la verdad acerca de Dios.

Esto debería servirnos de advertencia a todos quienes deseamos mantener una cosmovisión bíblica. Como alguien dijo una vez: "O Dios es absolutamente Dios, o no es Dios en absoluto." "Absoluto" significa "que no depende de nada y de nadie". El Dios de la Biblia es absoluto y soberano: Todo depende de Él, y Él no depende de nada y de nadie. Por tanto, nuestros sistemas de pensar deben comenzar con Dios. Si comenzamos con la matemática, con la razón, o con alguna otra cosa, y desde allí intentamos demostrar la verdad de Dios, entonces estamos negando que Dios es absoluto; y en consecuencia nos alejaremos más y más del

Dios verdadero. La existencia de Dios y Su verdad no es una "conclusión" desde algo que le precedería; Dios es una *presuposición necesaria* para todo pensamiento.

En algunos momentos, el mismo Descartes admitió que era necesario presuponer la existencia de Dios, sin poder concluirla desde otros indicios:

> "¿Cómo sabemos que los pensamientos que tenemos en nuestros sueños son falsos, y no aquellos otros que experimentamos despiertos, ya que los primeros a menudo son igual de vivos y nítidos como los últimos? Y aunque los genios más dotados estudien esta cuestión tanto como les plazca, yo no creo que sean capaces de dar alguna razón suficiente para remover esta duda, excepto si presuponen la existencia de Dios."
>
> *(Op. cit.)*

Es cierto que "Dios como presuposición" deja abierta una puerta para el ateísmo: Así como yo como cristiano me baso en la presuposición de que Dios existe y se reveló a nosotros, un filósofo o científico ateo puede decidir edificar su cosmovisión sobre la presuposición de que Dios no existe. Quedaría por examinar, si una filosofía o ciencia edificada sobre esta presuposición es realmente coherente y de acuerdo al universo, tal como existe en realidad. (Hemos visto que bajo esta presuposición, por ejemplo la noción de "leyes naturales" universales no tiene fundamento.)

Como la existencia de Dios, también la matemática no es ninguna "conclusión necesaria" de la razón humana. Si quisiéramos aplicar el principio de Descartes consecuentemente, tendríamos que dudar de la existencia de los elementos más fundamentales de la matemática: los números, el espacio, puntos, rectas, etc. – y entonces ya no podríamos hacer matemática. Tenemos que *presuponer* todos estos elementos fundamentales. *(Vea en el Capítulo 15, "La matemática como ciencia de los fundamentos o principios".)* Pero si los presuponemos como "absolutos", independientemente de Dios, nos volvemos racionalistas como Descartes, con todos los problemas que eso trae. La única salida viable consiste en presuponer que los fundamentos de la matemática corresponden a decretos de Dios, y son dependientes de Él.

Blaise Pascal (1623 – 1662)

En su corta vida aquejada por una enfermedad crónica, Pascal alcanzó una cantidad sorprendente de logros matemáticos, científicos y filosóficos. Demostró varios teoremas importantes acerca de las secciones cónicas; aportó ideas que contribuían más tarde al desarrollo del cálculo infinitesimal; construyó la primera máquina calculadora mecánica; estudió las leyes que gobiernan la presión atmosférica; estableció los fundamentos de la teoría de las probabilidades; describió las propiedades del "Triángulo de Pascal" que se fundamenta en la Ley del binomio; y escribió una defensa intelectual de la fe cristiana.

17. Unos grandes matemáticos y su fe

En la juventud de Pascal, su padre se adhirió a los jansenistas, un grupo en la iglesia católica que simpatizaba con ciertas ideas de la Reforma, pero que en aquel tiempo logró evitar la condenación por la jerarquía de la iglesia. Pascal mismo y sus hermanas le siguieron en este camino. Ocho años más tarde, tuvo un encuentro con Dios que cambió su vida radicalmente. En un relato fragmentario de esa experiencia, que fue encontrado después de su muerte, Pascal había escrito: "Dios de Abraham, Dios de Isaac, Dios de Jacob; no el dios de los filósofos y eruditos." Parece que en aquel momento reconoció a Dios como Él que se había revelado en la Biblia, entró en una relación personal con Él, y desechó las ideas platónicas, abstractas, acerca de Dios.

Otra consecuencia de esa experiencia fue que Pascal dejó casi por completo la matemática y la ciencia, y en su lugar se dedicó a estudiar y escribir acerca de asuntos espirituales y temas teológicos.

Pascal entendió claramente que los axiomas de la matemática y sus elementos más fundamentales tienen que aceptarse *por fe*, y que solamente sobre un tal fundamento de fe se puede hacer matemática:

> "Si la ciencia no define o demuestra toda cosa, es por la simple razón de que eso es imposible.
>
> Quizás parezca extraño que la geometría no defina ninguno de sus objetos principales; porque no puede definir el movimiento, ni los números, ni el espacio; y sin embargo, estas tres cosas son su objeto en particular, y según la investigación de ellas asume los tres nombres diferentes de mecánica, aritmética, y geometría (...)
>
> Pero eso no nos sorprenderá, si notamos que esta ciencia admirable se adhiere solamente a las cosas más sencillas; y esta misma calidad (su sencillez) que las hace dignas de ser sus objetos, hace que no puedan ser definidos. De esta manera, la ausencia de una definición es una perfección más que un defecto, porque no se debe a su oscuridad, sino al contrario a que son extremamente obvias, de tal manera que quizás no tienen la convicción de una demostración, pero tienen igual certeza. Por tanto, (la geometría) supone que sabemos qué se entiende con movimiento, número y espacio; y sin detenerse para definirlas inútilmente, penetra en su naturaleza y descubre sus propiedades maravillosas.
>
> Estas tres cosas que abarcan el universo entero, según las palabras: 'Dios hizo todas las cosas en peso, en número y en medida', tienen una conexión mutua y necesaria. Porque no podemos imaginar un movimiento sin un objeto que se mueve; y ya que ese objeto es uno, esa unidad es el origen de todos los números; y finalmente, el movimiento no puede existir sin espacio; y así vemos que las tres cosas están incluidas en la primera."
>
> *(Pascal, "Del espíritu geométrico")*

A diferencia de Descartes, Pascal no intentó demostrar racionalmente la existencia de Dios. Él entendió que la comunicación con Dios sucede en primer lugar con el "corazón", y solamente en segundo lugar con la razón. Por eso dijo: *"El corazón tiene sus razones que la razón no conoce."*

Sin embargo, Pascal presentó un argumento matemático a favor de creer en Dios, aun si uno considerara Su existencia como insegura. Se trata de la famosa "apuesta de Pascal". En forma resumida, su argumento es así:

Supongamos que la existencia de Dios es insegura, como afirman los agnósticos. O sea, Su existencia no se puede demostrar ni refutar. Entonces, si Dios no existe, lo único que está en juego es lo que podemos adquirir en esta vida terrenal: riquezas, los deleites de la vida, la libertad de hacer cualquier cosa que uno desea. En cambio, si Dios existe, nuestro destino eterno está en juego. Si comparamos esta situación con una apuesta en un juego de azar, existen las siguientes posibilidades:

- Decido en contra de Dios, y Él no existe. En este caso gano los deleites de esta vida; o sea, una ganancia limitada.

- Decido en contra de Dios, y Él sí existe. En este caso pierdo la vida eterna; o sea, tengo una pérdida infinita.

- Decido a favor de Dios, y Él no existe. En este caso pierdo los deleites de esta vida; o sea, una pérdida limitada.

- Decido a favor de Dios, y Él existe. En este caso gano la vida eterna; o sea, una ganancia infinita.

Ahora, lo finito siempre es insignificante en comparación con lo infinito. Por tanto, aun si la existencia de Dios fuera dudosa, siempre sería más razonable ponerse del lado de Él; porque en este caso la ganancia potencial es infinita, mientras la pérdida potencial es solo finita.

Biográficamente es interesante que Pascal había sido un aficionado a los juegos de azar; pero en consecuencia de su encuentro con Dios, había renunciado a esta afición. Ahora, con su "Apuesta", parece que encontró una manera de poner al servicio de Dios sus conocimientos relacionados con aquella pasión de su vida antigua.

Leonhard Euler (1707 – 1783)

Euler fue hijo de un pastor reformado, y estudió inicialmente teología. Después descubrió su inclinación y talento para la matemática. Enseñaba en la Academia (Universidad) de San Petersburgo, fundada por la emperatriz de Rusia; y en Berlín, bajo el emperador alemán.

De niño, Euler fue educado en casa por su padre hasta su ingreso a la universidad. Él mismo también educó a sus hijos en casa. Aun en su vejez, incluso en el momento de su muerte, estaba jugando con sus nietos y a la vez enseñándoles matemática.

17. Unos grandes matemáticos y su fe

Euler fue uno de los matemáticos más productivos de todos los tiempos. Sus obras abarcan varios cientos de libros y tratados acerca de temas matemáticos, científicos y teológicos. Diversos descubrimientos matemáticos llevan su nombre: el "número de Euler" que es la base de los logaritmos naturales (abreviado con la letra *e*); la "fórmula de Euler" que relaciona las constantes más importantes de la matemática entre sí *(vea en el Capítulo 20)*; la "recta de Euler" (una propiedad notable de los triángulos); el "teorema de Euler" acerca de los poliedros (una relación entre el número de vértices, aristas y caras); y otros. Euler logró numerosos avances significativos en la teoría de números, en la física, y en el cálculo infinitesimal; fue el primero en aplicar el cálculo infinitesimal a los números complejos.

La capacidad de concentración mental de Euler fue asombrosa. Produjo casi la mitad de sus obras durante los últimos 17 años de su vida, cuando se había vuelto ciego. Efectuaba los cálculos en su mente, y dictaba sus escritos a sus asistentes o a sus hijos.

Euler tenía fuertes convicciones cristianas, y no se avergonzaba de defender su fe públicamente. Cada noche reunía a su familia para leer con ellos un capítulo de la Biblia.

Personalmente, Euler era humilde y recto. En aquellos tiempos eran frecuentes las disputas entre matemáticos, acerca de quién había hecho cierto descubrimiento primero. Pero Euler, cuando se enteraba de que algún otro matemático estaba trabajando en un mismo problema como él, solía cederle el honor de publicar sus resultados primero.

El emperador alemán pidió a Euler enseñar ciencias a su hija. Estas enseñanzas están preservadas en un libro con el título "Cartas a una princesa alemana". Euler aborda allí no solamente temas de la física (mecánica, óptica, electricidad, astronomía, etc), sino también unas cuestiones teológicas profundas, tales como el origen del mal; la predestinación de Dios; o la pregunta de cómo podemos obtener conocimiento de la verdad. Entre otros, presenta el siguiente argumento a favor de la fe cristiana:

"La vida santa de los apóstoles, y de los otros cristianos primitivos, me parece ser una demostración irresistible de la verdad de la fe cristiana." – Si el hombre está libre para decidir acerca de su manera de vivir, ¿qué podría convencerle para negarse a sí mismo, renunciar a los deleites de este mundo, y vivir una vida dedicada al amor hacia Dios y los prójimos? Es difícil imaginarse que los primeros cristianos hayan cambiado sus vidas de esta manera radical, a menos que los milagros de Jesús, Su muerte y Su resurrección hayan sucedido de verdad, y ellos fueron testigos de ello.

Acerca del conocimiento, Euler distingue tres clases de conocimiento:

1. El conocimiento adquirido por nuestros sentidos: "Esto es verdad porque lo vi, o porque la evidencia de mis sentidos me convence." (A esta clase pertenecen

nuestras experiencias inmediatas, y los experimentos científicos realizados por uno mismo.)

2. El conocimiento por razonamiento: "Esto es verdad porque lo puedo demostrar razonando." (A esta clase pertenece el conocimiento matemático.)

3. El conocimiento adquirido por medio de otras personas: "Esto es verdad porque varias personas dignas de confianza me lo han asegurado." (A esta clase pertenecen p.ej. los conocimientos acerca de experimentos realizados por otras personas; y los sucesos históricos, incluidos los relatos bíblicos.)

Después de explicar estas clases de conocimiento, Euler razona que las tres tienen el mismo valor; y en particular, la tercera clase no tiene menor valor que las otras: Aunque las personas que nos informan pueden estar equivocadas; pero de la misma manera nos pueden engañar nuestros sentidos, o podemos caer en un error de razonamiento. Por el otro lado, si tenemos conocimiento de un suceso por los relatos de varios testigos, ¿sería sensato asumir que se hubieran puesto de acuerdo para engañarnos? Si quisiéramos desconfiar de toda información que recibimos de otras personas, nos quedaríamos en la ignorancia casi completa.

Lo importante, según Euler, es aplicar a cada categoría de conocimiento el discernimiento necesario, y no confundir los métodos de demostración que son propios de cada categoría: No podemos exigir que un dato histórico se demuestre matemáticamente; ni que una verdad matemática se verifique mediante un experimento accesible a nuestros sentidos.

En consecuencia de este concepto, Euler mantenía la matemática separada de la teología. Sus obras matemáticas no contienen alusiones a conceptos espirituales; y sus razonamientos teológicos no involucran la matemática.

En una sola ocasión anecdótica, Euler hizo una conexión (aunque caprichosa) entre matemática y teología: El filósofo francés Diderot, un ateo, visitaba la corte rusa mientras Euler trabajaba allí. Entonces la emperatriz pidió a Euler enfrentarse a Diderot en un debate religioso. Se comunicó a Diderot que un matemático había encontrado una demostración irrefutable de que Dios existe, y que debía encontrarse con él. Cuando llegó Diderot, Euler le saludó con las palabras: "$\frac{a+b^n}{n} = x$, por tanto Dios existe. ¡Responda!" – Diderot no entendía nada de álgebra, pero no se atrevió a reconocer su ignorancia. Por tanto no supo responder nada; se retiró avergonzado y volvió a Francia.

Ahora, si a Diderot se le hubiera ocurrido preguntar por qué esa fórmula sería una demostración de que Dios existe, el asunto se hubiera vuelto complicado para Euler. Podría haber respondido que si el mundo no tuviera Creador, no podrían existir verdades absolutas y universales como son las leyes de la matemática. Pero no sabemos si él tenía preparada esta respuesta.

Charles Babbage (1791 – 1871)

Babbage, junto con Ada Lovelace, fue el precursor de la informática; o sea, de aquella rama de la matemática que estudia los procesos y las leyes que permiten que las computadoras funcionen. En el siglo 20, John von Neumann y Alan Turing iban a edificar encima de la obra de Babbage, para desarrollar la moderna tecnología de la computación, y la teoría de la informática.

En los tiempos de Babbage ya había bastantes científicos materialistas quienes dijeron que el universo funcionaba únicamente a base de leyes naturales, y que por tanto no había lugar para Dios ni para milagros. En uno de sus escritos, "Ninth Bridgewater Treatise" (1837), Babbage responde a esos argumentos. En la introducción dice: "El propósito de estas páginas ... es exponer que el poder y el conocimiento del gran Creador de la materia y de la mente son ilimitados."

Un argumento clave de Babbage es que los milagros no son necesariamente interferencias "especiales" de Dios en un mundo que "normalmente" funciona como una máquina predeterminada: Dios puede haber "pre-programado" los milagros, de la misma manera como Él estableció las leyes naturales. Visto de esta manera, las leyes naturales y los milagros serían solamente dos caras de la misma moneda; y ambos testificarían igualmente de la omnipotencia de Dios, quien estableció de antemano todas las leyes que gobiernan el universo, tanto las "normales" como las "excepcionales". Por tanto, los descubrimientos científicos acerca de las leyes naturales no son ningún argumento contra el gobierno de Dios sobre el mundo, ni contra la posibilidad de que sucedan milagros.

Para ilustrar este argumento, Babbage usa el ejemplo de una máquina que produce números sucesivos:

> "Supongamos que los números que se ven (sucesivamente) son la secuencia 1, 2, 3, 4, 5, etc, de los números naturales. Ahora, lector, déjeme preguntarle: ¿Por cuánto tiempo usted seguirá este conteo hasta que usted esté firmemente convencido de que la máquina fue fabricada tal que continuará, mientras sigue en movimiento, produciendo esta secuencia de los números naturales?
>
> Algunas personas estarán convencidas después de los primeros 100 números que conocen la ley. Después de 500, pocos dudarán; y después de 50'000, la conclusión es casi irresistible que el siguiente número será 50'001.
>
> Supongamos que efectivamente aparece el número 50'001; y que la misma secuencia regular continúe hasta cien millones. Según nuestras amplias observaciones hechas, el siguiente número será cien millones y uno. Pero después, en vez de cien millones y dos, aparece el número cien millones *diez mil* y dos. La secuencia, desde el inicio, sería:

1
2
3
4
5
...

...

99'999'999
100'000'000
100'000'001
100'010'002 (aquí cambia la ley)
100'030'003
100'060'004
100'100'005
100'150'006
100'210'007
100'280'008
...

La ley que parecía gobernar esta secuencia, falla en el número 100'000'002, y a partir de ahora gobierna una ley distinta, (...) basada en los números triangulares. (...) Si seguimos observando la máquina, encontramos que los números siguen obedeciendo esta nueva ley por 2761 miembros; pero esta ley falla en el 2762º miembro. Después, otra ley entra en acción durante 1430 miembros; y después otra vez una ley distinta se introduce, (...)

Entonces, la ley que hemos deducido inicialmente a base de cien millones de miembros, no fue la ley verdadera que gobierna esta máquina. (...) Sabemos que la sucesión de los números tiene que ser una consecuencia necesaria de su estructura mecánica; pero no tenemos suficientes conocimientos de esa estructura para poder predecir las nuevas leyes, ni en qué intervalos se introducirán.

(...) Supongamos ahora que se nos presenta otra máquina que produce exactamente los mismos números en el mismo orden; pero antes de cada cambio en la ley, el constructor de la máquina tiene que ajustar su estructura para que la máquina funcione según la nueva ley; mientras que la primera máquina tiene incorporada en su estructura la entera ley general, de la cual las leyes que observamos son solamente partes aisladas, mientras la ley general es tan complicada que no podemos deducirla completamente a partir de nuestras observaciones.

La segunda máquina sería mucho más sencilla: solamente necesita recibir las leyes que uno le da desde afuera, pero no es capaz de cambiar esas leyes mediante su propia estructura interna.

17. Unos grandes matemáticos y su fe

¿Cuál de estas máquinas, en la opinión del lector, testificaría de una mayor capacidad de su constructor? No vacilaremos en declarar que la máquina que no requiere ninguna atención adicional, una vez que fue programada, demuestra un ingenio mucho mayor que la segunda máquina."

A partir de esta ilustración, Babbage razona que también las leyes que gobiernan el universo deben ser mucho más amplias y complejas que aquellas que la ciencia pudo observar hasta ahora:

"... los milagros no son desviaciones de las leyes asignadas por el Todopoderoso; al contrario, son el cumplimiento exacto de unas leyes mucho más extensas que las que suponemos que existen. De hecho, ellos (los milagros) son exactamente aquellos puntos que deberíamos observar para poner a prueba cualquier hipótesis que hemos establecido acerca de las leyes naturales. (...) Con frecuencia llegamos a la mejor confirmación de nuestras opiniones acerca de las leyes de la naturaleza, cuando observamos sus acciones bajo *circunstancias singulares*.

Si el lector está de acuerdo conmigo en que la primera de las máquinas presentadas exhibe un mayor grado de conocimiento y poder que la segunda, entonces tiene que concluir inevitablemente que el punto de vista expuesto aquí acerca de los milagros, atribuye a Dios un grado mucho mayor de poder y conocimiento.

Imaginémonos nuevamente sentados ante esa máquina calculadora, y esta vez la máquina produce la secuencia de los cuadrados perfectos, durante mil años sin interrupción. (...) Entonces escuchamos al constructor de la máquina decir: 'El siguiente número que aparecerá, no será un cuadrado perfecto. Cuando al inicio yo ordené a la máquina hacer estos cálculos, yo programé en ella la ley de que produzca los cuadrados perfectos en cada caso, excepto el que aparecerá ahora; y después continuará nuevamente la secuencia de los cuadrados perfectos.'

Sin duda atribuiremos un mayor poder al constructor que de esta manera ordenó, y de antemano predijo correctamente, este evento excepcional."

Después de esto, Babbage revela que él está efectivamente trabajando en la construcción de una tal máquina programable. Él dedicó la mayor parte de su vida a este proyecto, y llegó cerca a su conclusión. Lo que faltaba fue completado por sus sucesores después de su muerte. Esta máquina funcionaba de manera puramente mecánica, no electrónica. Pero por sus capacidades de programación, se puede legítimamente decir que fue la primera computadora.

De esta manera, la historia de la computación comenzó con una defensa de los milagros de Dios. La palabra "programar" viene del griego "prografo", que significa "escribir de antemano". La Biblia testifica que Dios "escribió de antemano" todo lo que iba a suceder después: "Y en tu libro estaban escritas todas aquellas cosas que fueron luego formadas, sin faltar una de ellas." (Salmo 139:16)

Por el otro lado, el universo no es simplemente una "máquina" que fue puesta en movimiento por Dios y después sigue funcionando "inatendida". La Biblia testifica también de que Dios actúa constantemente, y sigue obrando en el mundo (vea Juan 5:17). Pero aun con esta reserva, pienso que Babbage no estaba equivocado en describir a Dios como el "gran Programador".

Cuán fácil es para Dios "programar milagros", podemos entender si tomamos en cuenta que en una computadora, las sucesiones de números que describe Babbage se pueden producir con tan solamente diez a veinte líneas de código en un lenguaje de programación.

Por el otro lado, Babbage no mantenía una cosmovisión bíblica consecuente. Por ejemplo, defendía decididamente los postulados evolucionistas de Lyell acerca de la geología, y los consideró "absolutamente seguros". En este aspecto, él cometió el error común de no distinguir entre observación e interpretación: Los hechos observados (las rocas sedimentarias y los seres vivos fosilizados) son objetivos; pero su interpretación (por ejemplo las conjeturas acerca de las edades de los fósiles) es subjetiva; depende de la cosmovisión del que hace la interpretación, y no es una consecuencia necesaria de la observación.

El mismo Babbage había declarado que Dios gobierna Su creación mediante "leyes mucho más extensas" de las que nosotros entendemos. Entonces, su propio razonamiento debería haberle llevado a la conclusión de que el presente no es necesariamente la clave para entender el pasado (como afirmaba Lyell), sino que los sedimentos y los fósiles podían haberse formado bajo la influencia de "leyes más extensas" que operaban durante el diluvio, pero que en la actualidad se observan solamente en condiciones excepcionales.

James Clerk Maxwell (1831–1879)

El físico Maxwell es más conocido por su descubrimiento de las famosas ecuaciones que describen las relaciones entre electricidad y magnetismo. Estas ecuaciones le permitieron concluir que la luz es una onda electromagnética, y predecir el comportamiento de tales ondas; por ejemplo que su velocidad es siempre la misma. Eso fue una preparación importante para la teoría de la relatividad de Einstein.

Maxwell fue un cristiano dedicado, convencido de que sus descubrimientos confirmaban la revelación de Dios en la Biblia. En una conferencia científica dijo:

> "Si deseamos obtener estándares absolutamente permanentes de longitud, de tiempo y de masa, entonces no debemos buscarlos en las dimensiones, en el movimiento o en la masa de nuestro planeta, sino en la longitud de onda, el período de vibración, y la masa absoluta de esas moléculas imperecibles, inalterables, y perfectamente similares.
> Encontramos que aquí, y en las estrellas de los cielos, hay innumerables multitudes de pequeños cuerpos de exactamente la misma masa, tanto y no más, y que vibran en exactamente el mismo tiempo, tantas veces por segundo y no más. Reflexionemos que ningún poder en la naturaleza puede ahora alterar ni en lo más mínimo la masa o el período de uno de

ellos. Así parece que hemos avanzado por el camino del conocimiento natural, hasta uno de estos puntos donde tenemos que aceptar la dirección de aquella fe por la cual entendemos que 'lo que se ve no fue hecho de lo visible' (Hebreos 11:3)."

(Maxwell 1870)

Georg Cantor (1845 – 1918)

Cantor fue el fundador de la teoría de los conjuntos. Este tema va mucho más allá de lo que se enseña en la escuela, y tiene numerosas aplicaciones en diversas ramas de la matemática avanzada. Cantor desarrolló la teoría de los conjuntos en primer lugar para estudiar conjuntos *infinitos*, y para poder identificar, clasificar y relacionar diferentes clases de "infinidades". Entre sus resultados más famosos se encuentran sus demostraciones de que el conjunto de los números racionales es de la misma clase de infinidad como el conjunto de los números naturales, mientras que el conjunto de los números reales es de una clase superior de infinidad.

Cuán profundo era el tema de la teoría de conjuntos para Cantor, demuestra la siguiente anécdota: Entre colegas conversaban de cómo se imaginaban un conjunto. El matemático Richard Dedekind dijo: "Yo me imagino un conjunto como una bolsa cerrada con objetos dentro." A lo cual Cantor respondió con un gesto teatral: "Para mí, ¡un conjunto es *un abismo*!"

Pocos matemáticos tuvieron que luchar contra tanta oposición como Cantor. Muchos de sus colegas rechazaban sus ideas por su novedad; el eminente matemático Henri Poincaré las llamó "una enfermedad de la cual la matemática se recuperará dentro de pocos años." Su anterior profesor en la universidad, Leopold Kronecker, lo calumniaba públicamente, e hizo todo lo posible para impedir la publicación de sus obras. Cantor respondió a estos ataques: "*La esencia de la matemática radica en su libertad*"; y mantuvo que toda teoría matemática es admisible mientras es lógicamente coherente.

Hay una enseñanza importante en la historia de Cantor. En la Edad Media, la investigación científica estaba restringida por la censura de la iglesia católica. Después comenzó una época de gran libertad en las ciencias. Pero Cantor se enfrentó con una nueva clase de restricciones, la cual es hoy en día aun mucho más fuerte: la censura por la así llamada "comunidad científica". En la actualidad no es posible publicar algún artículo en una revista de investigación científica reconocida, sin que sea aprobado por los científicos más influenciales y establecidos en las universidades. Los editores y científicos influenciales alegan que eso sea necesario para evitar la difusión de "pseudociencia"; pero en realidad es una barrera contra la innovación científica. Científicos innovadores como Galileo, Newton, Einstein, y Cantor fueron rechazados por la "comunidad científica" de sus tiempos. Si en sus tiempos hubiera existido la "revisión por pares" tal como existe hoy, no hubieran tenido la oportunidad de publicar sus ideas en ninguna publicación de gran alcance. – Se añade a esto, que el consenso entre la así llamada "comunidad científica" hoy en día es que la ciencia debe ser atea, de otro modo no es ciencia. Este prejuicio (anti-)religioso impide que se publiquen descubrimientos científicos que tienen implicaciones a favor de la fe cristiana, o que consideran de alguna manera la existencia de Dios (como de hecho lo hizo Cantor).

Además de la enemistad de sus colegas, Cantor sufría del trastorno bipolar. Durante la segunda mitad de su vida tenía frecuentes crisis nerviosas de tanta intensidad que tuvo que ser hospitalizado.

Solamente su confianza en Dios le mantuvo firme a través de todas estas dificultades, para seguir trabajando en la fundamentación lógica de su teoría, aun durante sus tiempos de enfermedad. Efectivamente, Cantor estaba convencido de que la teoría de los conjuntos infinitos fue una revelación de Dios, y de que él, Cantor, fue llamado por Dios para dar a conocer esta teoría al mundo. Como lema para su última publicación escogió las palabras del Señor Jesús (citadas de manera inexacta): "El tiempo llegará cuando estas cosas, que ahora están escondidas ante ustedes, serán traídas a la luz." (según Marcos 4:22, o quizás pensó en 1 Corintios 4:5.)

El pensamiento de Cantor se enfocaba principalmente en lo infinito como una característica de Dios: "Cantor no fue el primero en considerar la conexión entre Dios y la matemática de lo infinito. De hecho, este concepto se puede trazar por lo menos desde Agustín, quien mantuvo que el infinito actual reside en la mente de Dios. En su 'Ciudad de Dios' escribe que 'la infinidad de los números no está más allá de Su comprensión (...) Toda infinidad, de una manera que no podemos expresar, es hecha finita ante Dios.' Esta idea que 'no podemos expresar' puede ser exactamente lo que Cantor hizo muchos siglos más tarde." *(Matsumoto)*

Y también:

"Nicolás de Cusa, un pensador del Renacimiento temprano, fue muy admirado por Cantor. Cusa argumentaba reiteradamente que conocemos lo infinito primero, y lo finito solamente de una manera derivada (de lo infinito). Más tarde, Descartes redescubre esta idea. Su cita famosa en la Tercera Meditación lo expresa así: 'Veo que hay manifiestamente mayor realidad en la sustancia infinita que en la finita, y por tanto (veo) que de cierta manera tengo en mí la noción de lo infinito antes que de lo finito...' A Cantor le gustó este razonamiento, y él lo trasladó a la matemática. Argumentó que los segmentos finitos y los números finitos son incorporados en lo infinito – de manera que podemos, por ejemplo, avanzar indefinidamente lejos contando números, solamente porque ellos son como huellas en el camino preexistente, provisto por el infinito actual." *(Kneale)*

En estas citas aparece la expresión "el infinito actual". Fue un tema muy discutido entre matemáticos y filósofos, si el infinito existe realmente ("el infinito actual"), o si existe solamente como una posibilidad en la mente humana ("el infinito potencial"). La mayoría de los matemáticos preferían describir la infinidad de los números naturales solamente como una "infinidad potencial": *Podríamos* generar infinitos números naturales (al seguir contando), si tuviéramos una cantidad infinita de tiempo; pero en realidad no podemos hacerlo. Por tanto, no se atrevían a decir que realmente "existen" infinitos números naturales.

Cantor revolucionó esta manera de pensar. Primeramente, porque mantuvo decididamente que el infinito tiene existencia actual (y lo fundamentó con su fe en Dios); y segundo, porque demostró matemáticamente que existen muchas diferentes clases o cualidades de infinidad, todas distintas entre sí.

Muchas de estas "infinidades" se pueden definir y describir matemáticamente con claridad y de manera lógicamente coherente (como por ejemplo los números naturales). Cantor introdujo para estas "infinidades" una nueva clase de números, a los que llamó "números transfinitos".[23] Pero él descubrió que deben existir otras "infinidades" que no se pueden definir con claridad, o que conducen a paradojas cuando uno intenta tratarlas matemáticamente.[24] A esas infinidades las llamó "absolutos", y dijo que se encontraban más allá del alcance de la matemática: "El verdadero infinito o Absoluto, que está en Dios, no permite ninguna determinación." Dijo también que el "conjunto de todos los números transfinitos" (o sea, el conjunto infinito de todas las infinidades) era un tal "Absoluto", y por tanto no se podía definir como conjunto.

En el Capítulo 19, "Los misterios del infinito", trataremos algunos otros aspectos de la matemática de lo infinito.

Paul Erdős (1913–1996)

Erdős fue un matemático húngaro que hizo muchas contribuciones a la teoría de números. Él pensaba que la existencia de Dios era muy improbable. Sin embargo, él creía que debía existir un "Libro" celestial, en el cual Dios almacena todas las demostraciones matemáticas más hermosas. "No necesitas creer en Dios", dijo

---

23) Como símbolo para esos "números transfinitos", Cantor usó ℵ (álef), la primera letra del alfabeto hebreo. Por ejemplo, el primer número transfinito definido por Cantor, ℵ$_0$ (álef-cero), es la cantidad de los números naturales; el siguiente, ℵ$_1$ (álef-uno), es la cantidad de los números reales.

24) Por ejemplo descubrió Bertrand Russell posteriormente que se llega a conclusiones paradójicas cuando se define un "conjunto de todos los conjuntos que no se contienen a sí mismos como elemento". (¿Este conjunto se contiene a sí mismo como elemento o no?) – Él creyó con eso haber descubierto un error fundamental en la teoría de conjuntos. Sin embargo, Cantor ya había previsto que este tipo de paradojas podían ocurrir, y exactamente por eso había advertido que ciertas clases de "infinidades" no se pueden definir como conjuntos.
Más tarde, Zermelo y Fraenkel colocaron la teoría de conjuntos sobre una base axiomática más segura.

Erdős, "pero tienes que creer en el Libro." Cuando se encontraba con una demostración matemática particularmente elegante o ingeniosa, decía: "Esta demostración debe ser del Libro."
Es interesante que este matemático, sin siquiera creer en la existencia de Dios, reconoció que la matemática pertenece al dominio de Dios.

Kurt Gödel (1906–1978)

Este filósofo y matemático austriaco se hizo famoso con su teorema de incompletitud *(vea capítulo 15)*, con el cual refutó los intentos de varios predecesores ilustres como David Hilbert y Bertrand Russell, de crear un sistema teorético "completo" que explicaría "todo".

De niño, Gödel fue criado como librepensador (ateo), y ha sido descrito como un racionalista radical que creía que la razón humana era infalible. Una vez dijo: "Pero todo error se debe a factores ajenos, tales como la emoción o la educación; la razón por sí misma no se equivoca." Pero de adulto, Gödel era también teísta, o sea creía en Dios; y aun más: creía que Dios es una persona, o que por lo menos puede "hacer el papel de una persona", porque – como dijo – si Dios no pudiera hacer eso, no sería omnipotente, y entonces no sería Dios.

Gödel consideraba entonces que la fe en Dios es algo completamente racional. En una conversación personal con el filósofo ateo Rudolf Carnap, Gödel propuso que un sistema axiomático que quiere describir el universo, debería incluir los conceptos de "Dios", "alma", e "idea". Carnap no pudo refutarlo lógicamente; solamente contestó con un argumento pragmático: ningún científico haría un tal intento, porque se consideraría improductivo. *(Según Gierer 1997)*

En otra ocasión, Gödel dijo: "Soy convencido de la vida después de la muerte, independientemente de la teología. Si el mundo es construido de manera racional, tiene que haber una vida después de la muerte."

Gödel era también escéptico en cuanto a la teoría de la evolución. Una vez dijo: "La formación del cuerpo humano durante épocas geológicas por medio de las leyes de la física (u otras leyes de una naturaleza similar), comenzando desde una distribución aleatoria de partículas elementales y el campo, es tan improbable como que la atmósfera se separe en sus componentes. La complejidad de los seres vivos tiene que estar presente dentro del material [del cual se derivan], o en las leyes [que gobiernan su formación]."[25]

Sin embargo, Gödel no publicó prácticamente nada acerca de sus convicciones teístas, por temor a la censura de sus colegas ateos. Solamente cuando sentía que su muerte se acercaba, confesó a unos amigos cercanos que incluso había hecho esfuerzos para formalizar una demostración de la existencia de Dios, de una manera que iba a satisfacer los criterios más rigurosos de la lógica matemática.

---

25) *Wang 1995*

17. Unos grandes matemáticos y su fe

Algunos autores aseguran que aun el resultado más famoso de Gödel, su teorema de incompletitud, da lugar para demostrar la existencia de Dios; y el mismo Gödel a veces sospechaba que eso podría ser posible. Esa posibilidad le causaba temor, por la prevalencia del ateísmo en las universidades donde él enseñaba.[26]

De todos modos, las implicaciones filosóficas de este teorema siguen siendo debatidas hasta hoy.

> "En su libro 'Gödel, Escher y Bach', Hofstadter escribe: 'Gödel demostró que la demostrabilidad es una noción más débil que la verdad, sea cual sea el sistema axiomático involucrado.' En otras palabras, en la matemática no podemos demostrar ciertas cosas, aunque sabemos que son verdaderas.
> (...) La demostración de Gödel encaja bien en las convicciones cristianas acerca del universo, por analogía. El judaísmo y el cristianismo desde hace mucho tiempo aseguran que la verdad está por encima de la razón. (...) El universo no se puede explicar a sí mismo. La demostración (de Gödel) implica que las infinidades y paradojas de la naturaleza requieren algo superior, diferente y más poderoso para explicarlas, igual como todo conjunto lógico requiere una lógica superior para demostrar y explicar todo lo que contiene."
> *(Graves)*

El mismo Gödel sacó la siguiente consecuencia de su teorema: **"O la matemática es demasiado grande para la mente humana; o la mente humana es más que una mera máquina."**

---

26) *Según Gilder 2013.*

18. Juegos de construcción

El "construir" es una forma importante de expresar la creatividad humana. La matemática entera es una "construcción" mental, donde los matemáticos inventaron ciertos objetos matemáticos, los investigaron, y descubrieron que una vez definidos, estos objetos obedecen a sus propias leyes que el matemático no puede más que reconocerlas.

Así también en lo muy pequeño, los niños al construir casas, muros, etc, descubren que tienen que tomar en cuenta ciertas "leyes" para que su construcción sea estable y no se caiga.

Los juegos de construcción libre son también una manera excelente de entrenar la inteligencia espacial (geométrica). Además proveen primeras nociones de física, al descubrir cómo tiene que ser diseñada una construcción para que se mantenga en equilibrio.

La Biblia dice que Dios formó al hombre "a Su imagen" (Génesis 1:26-27). Puesto que Dios es el Creador, nosotros como Su imagen también somos pequeños "creadores". O sea, tenemos la capacidad (aunque limitada) de inventar y construir cosas nuevas.

La Biblia habla también de diversas obras de construcción. La más importante de ellas (desde un punto de vista espiritual) fue el tabernáculo en el desierto (Éxodo cap.35 a 40), y su forma posterior, el templo (1 Reyes cap.5 a 8). Estas construcciones debían ser una expresión arquitectónica de la grandeza, la santidad y la presencia de Dios. – Aunque la Biblia no lo menciona explícitamente, la construcción de esa estructura enorme debe haber exigido muchos cálculos y buenos conocimientos matemáticos.

Pero en otras ocasiones, los hombres han usado su capacidad creativa y constructora para cortar su relación con Dios, para engrandecerse a sí mismos, y para enseñorearse los unos de los otros. El intento más notable de este tipo fue la construcción de la torre de Babel (Génesis 11). Hoy en día también existen "construcciones" científicas, filosóficas y políticas que aspiran a las mismas metas como la torre de Babel.

Seamos entonces agradecidos por el don de la creatividad, pero usémosla en responsabilidad ante Dios. Aun en nuestras construcciones pequeñas conviene preguntar: ¿Agrada a Dios lo que estoy construyendo?

Una tarea relacionada con el arca de Noé:

El arca de Noé fue otra de las construcciones mencionadas en la Biblia que debe haber exigido buenos conocimientos matemáticos. Las proporciones entre el largo, el ancho y la altura del arca (30 : 5 : 3) son las mismas como las que se usan también en la construcción de grandes buques modernos, particularmente los que deben llevar cargas muy pesadas, porque estas proporciones proveen la mayor estabilidad y seguridad al flotar en alta mar.[27] Lo mismo fue confirmado por una investigación coreana que comparó la estabilidad y seguridad de barcos de diversas proporciones.[28]

He aquí una tarea que los niños hacia el fin de la primaria ya deberían poder resolver, relacionada con el tamaño del arca:

Muchas ilustraciones en libros para niños muestran un "arca de Noé" ridículamente pequeño; y algunas muestran además unos pocos animales grandes a bordo (elefante, jirafa, ...) que por sí solos ya amenazan con hundir el barquito con su peso. Pero ¿cuán grande era el arca en realidad?

- Averigua las medidas reales del arca de Noé y calcúlalas en metros. (La medida del "codo" usual en aquellos tiempos era aproximadamente igual a 45cm.)
- Averigua el tamaño de un elefante promedio, y la altura de una jirafa.
- Haz un dibujo a escala del arca de Noé con un elefante y una jirafa encima, todo a la misma escala. (Si deseas, puedes además añadir un dibujo de tu casa a la misma escala.)
- Estima y calcula cuántos elefantes aproximadamente podrían caber en el arca de Noé. (Toma en cuenta que el arca tenía tres pisos.)

La entropía, o: ¿Por qué no se puede inventar un "móvil perpetuo"?

Cuando unos niños creativos empiezan a experimentar con máquinas y motores, es casi inevitable que en algún momento se les ocurra la idea de inventar una máquina que produce su propia energía para seguir funcionando. Por ejemplo un carro con una turbina de viento encima, que con el viento de su propio avance produce la energía necesaria para seguir avanzando. O una bomba de agua que funciona con energía generada mediante el uso de la misma agua bombeada.

Esta idea ha fascinado a inventores y constructores desde tiempos antiguos. Se llamaba, en latín, el "perpetuum mobile" (móvil perpetuo): una máquina que se mueve eternamente sin necesidad de alguna fuente de energía externa.

Sin embargo, nadie logró inventar un "móvil perpetuo". Es más: Los científicos descubrieron dos principios generales que rinden un tal invento completamente imposible: La ley de la conservación de la energía, y la ley de la entropía. (Estas son conocidas también como la Primera y la Segunda Ley de la termodinámica.)

La *conservación de la energía* significa que en un sistema cerrado, el total de la energía que está presente no puede aumentar ni disminuir. Solamente se puede transformar una forma de energía en otra. Por ejemplo cuando hacemos una fogata, la energía química que está almacenada en las moléculas de la leña se

---

27) Kubo

28) Hong y otros, 1994.

convierte en otra forma de energía, en calor. Cuando un árbol crece, transforma la energía del sol (luz y calor) nuevamente en energía química, al producir las sustancias que conforman la madera.

Con este principio ya podemos ver que una máquina por sí misma nunca podrá producir más energía de la que consume. A lo máximo podría producir una cantidad *igual* de energía. Pero el siguiente principio demuestra que aun eso es imposible.

La *entropía* es un concepto más complicado, pero está relacionado con la pérdida de energía en forma de calor: En un sistema cerrado, cuando se convierte energía en calor, este calor no se puede volver a convertir completamente en otras formas de energía. Una parte siempre se queda en forma de calor, y ya no se podrá usar para producir ningún otro trabajo. (Por eso, todo motor se calienta cuando está en funcionamiento.) Esto significa que en cada máquina sin alimentación de energía, su movimiento disminuirá poco a poco, y la energía del movimiento se transforma en calor. Para seguir funcionando, la máquina necesita alguna fuente externa de energía: el sol, el viento, un combustible, etc. Esa es la diferencia entre un "sistema cerrado" y un "sistema abierto": En un sistema cerrado, nada sale y nada entra. En un sistema abierto hay intercambios con su entorno afuera del sistema.

Este principio de la entropía tiene implicaciones muy profundas que ni siquiera los propios científicos comprenden completamente. Por ejemplo, que el tiempo tiene una dirección determinada. O sea, que existen procesos irreversibles. La mayoría de los procesos físicos y químicos son reversibles. Por ejemplo, si transporto una carga de A a B, puedo transportarla de regreso de B a A. Si tenemos sal y agua, podemos disolver la sal en el agua. Después podemos evaporar el agua y recogerla en un aparato de destilación, y entonces tenemos otra vez la sal y el agua separadas. Pero el principio de la entropía nos dice que la transformación de energía en calor es, por lo menos en parte, irreversible. ¡Pero en todo el universo no se ha encontrado ninguna *causa* de por qué eso debería ser así!

En un sentido más amplio, el principio de la entropía dice que con el tiempo todo se deteriora. Si nuestro universo es un sistema cerrado, entonces en algún futuro muy lejano llegará a un punto donde ya no habrá ninguna energía disponible para algún trabajo "útil", solamente calor. Eso será la "muerte" del universo.

De hecho, el ejemplo más claro de un proceso irreversible que conocemos, es la muerte. – Ahora, no podemos aplicar estos principios de la física así no más a los seres vivos: Ningún ser vivo es un sistema cerrado, y la vida tiene una calidad más allá de las sustancias materiales. Pero todo ser vivo es parte de nuestro universo, y como tal está sujeto a las leyes físicas de este universo. Y si queremos saber la razón por qué eso es así, tenemos que ir más allá de la ciencia y consultar la revelación de Dios que nos habla de cosas que están más allá de nuestro universo.

Dios nos dice que la muerte es una consecuencia de nuestro alejamiento de Él. No solamente nuestra propia muerte; también la muerte que afecta a todos los seres vivos en la tierra. Pero también nos dice que algún día sucederá la liberación de este estado: "Porque la creación fue sometida a la vanidad, no voluntariamente,

18. Juegos de construcción

sino por causa del que la sometió, para esperanza. Porque también la creación misma será liberada de la esclavitud bajo la destrucción *(o: el deterioro, la entropía)* para la libertad gloriosa de los hijos de Dios." (Romanos 8:20-21.)

Esta revelación de Dios nos explica varias cosas que la ciencia no puede explicar. Por ejemplo, que nuestro universo *no es un sistema cerrado*. Está abierto a las intervenciones de Dios, desde más allá del universo. En primer lugar, eso fue necesario para que el universo siquiera exista. Las leyes de la termodinámica nos dicen también que la energía y la materia no pueden surgir así no más de la nada. Y tampoco pueden haber existido desde siempre; porque la ley de la entropía implica que en este caso, en un pasado muy lejano toda la energía disponible debería haber sido "útil" (o sea, la entropía total del universo hubiera sido cero); y entonces no es posible que haya existido un pasado más allá de ese punto. Por lo menos el *comienzo* del universo es imposible sin alguna intervención desde afuera del universo.

Y no por último, estas palabras de Dios nos dicen *de dónde viene* esa ley de la entropía. Es una consecuencia del rechazo del hombre contra Dios (lo que la Biblia llama "pecado"), y su subsiguiente alejamiento de Él, que afecta actualmente al universo entero. Es por causa del pecado del hombre, que la creación está sometida a "la esclavitud bajo el deterioro".

Por eso, la revelación de Dios nos da una esperanza que la ciencia no puede dar: Así como la entropía y la muerte entraron en el mundo por una causa (el pecado del hombre), así existe también la posibilidad de que el mundo pueda nuevamente ser liberado de estas influencias. Si leemos los primeros ocho capítulos de la carta a los Romanos, vemos que el pasaje arriba citado se encuentra en el contexto de una larga exposición acerca del pecado del hombre, y la posibilidad de ser liberado del pecado mediante el sacrificio de Jesucristo:

> "Pero Dios presenta su propio amor hacia nosotros, en que siendo nosotros todavía pecadores, Cristo murió por nosotros. ... Así como por un [solo] hombre entró el pecado en el mundo, y por el pecado la muerte, así también pasó la muerte a todos los hombres, en tanto que todos pecaron. ... Porque así como por la desobediencia de un hombre, los muchos fueron constituidos pecadores, así también por la obediencia de uno *(Cristo)*, los muchos serán constituidos justos." *(Romanos 5:8.12.19)*

Y en el capítulo 8, en el pasaje que citamos antes, la revelación divina ensancha nuestro horizonte para hacernos ver cómo el pecado, y la liberación del pecado, afecta el universo entero.

Podemos asumir desde aquí que posiblemente Dios creó originalmente un mundo sin entropía. Y Él nos dice que vendrá un día cuando el universo será nuevamente liberado de esa ley. La "muerte por calor" que predice la ciencia, no es lo último. Cierto, eso vendrá, y Dios incluso acelerará este proceso (2 Pedro 3:10); pero después creará un universo nuevo que ya no estará sujeto a la ley de la entropía (Apocalipsis 21:1-4). Quizás en ese universo nuevo será posible crear un "móvil perpetuo".

19. Los misterios del infinito

El primer encuentro de un niño con el infinito ocurre probablemente cuando aprende a contar más allá del 20, o más allá del 100, y descubre que existe una manera sistemática de "inventar" números nuevos: "¿Qué viene después del 100?" – "101, 102, 103..." – y el niño descubre que puede "repetir" todos los números anteriores, solamente poniendo "ciento-" por delante. "¿Y después de 199?" ... "¿Y después de 999?" ... y en algún momento viene la pregunta: "¿Y nunca termina?"

Desde un punto de vista matemático, la respuesta parece sencilla: A cualquier número le puedo aumentar 1, entonces tengo un nuevo número "más allá" del número que encontré. Por tanto, nunca terminan.

Pero no es tan sencillo desde un punto de vista filosófico o psicológico: El infinito está más allá de todo lo que conocemos en nuestro mundo o en nuestros pensamientos. Nadie puede contar "hasta el infinito"; ni siquiera *imaginárselo*. Por eso puede ser difícil aceptar que el infinito existe. En realidad, eso requiere fe. La Biblia dice que lo infinito existe, porque dice que Dios no tiene principio ni fin (Hebreos 7:3). Así que el pensar acerca de lo infinito puede llevarnos a admirar la inmensa grandeza de Dios.

También desde la perspectiva de la matemática, el asunto no es tan sencillo como parece. Es que la infinidad de los números naturales no se puede demostrar; es un *axioma*.[29] Y un axioma que implica infinidad no es tan "inmediatamente obvio" como otros axiomas. No tiene correspondencia con nada que existe en el mundo material. La extensión del universo no es infinita; tampoco lo es el número de átomos o partículas elementales en el universo. Y nuestra mente y nuestros pensamientos tampoco son infinitos. Desde un punto de vista puramente materialista[30] no existe fundamento para afirmar que lo infinito existe. ¿Cómo sabemos si después de muchos millones de millones de números no llegamos a un número que ya no tiene sucesor? ¿O cómo sabemos si quizás los números naturales en algún momento vuelven en un gran círculo de regreso a su inicio? Se ha dicho que si se pudiera construir un telescopio tan potente que permite mirar hasta el fin del universo, y un astrónomo mirara por ese telescopio, entonces vería al fin su propia cabeza desde atrás, debido a la curvatura del espacio. ¿Quién nos garantiza que los números naturales no tengan la misma estructura? – Aceptar el infinito y calcular con él es un paso de fe.

---

29) Por ejemplo Peano propuso, entre otros, los siguientes dos axiomas:
- "Cada número natural tiene un sucesor."
- "No existen dos números naturales que tienen el mismo sucesor."

Una consecuencia de estos dos axiomas es que los números naturales son infinitos.

30) El materialismo es la cosmovisión que dice que la materia es todo lo que existe, y que no existe ninguna realidad sobrenatural o espiritual. En consecuencia, también nuestras emociones y nuestros pensamientos serían nada más que productos de los procesos químicos en nuestro cuerpo.

Teoremas para una infinidad de casos

Otro encuentro con el infinito ocurre cuando reflexionamos acerca de las implicaciones de un teorema general. Por ejemplo: "Todo múltiplo de 2 termina con una cifra par; y todo número natural que termina con una cifra par, es un múltiplo de 2." ¿Qué significa "todo"? ¡Estamos haciendo una declaración acerca de *infinitos* números! ¿Cómo podemos estar tan seguros de que eso es verdad? Es imposible examinar "todos" los números para verificar que el teorema es cierto. ¿Quizás después de muchos millones, el teorema deja de ser verdadero?

En las ciencias que investigan el mundo creado, efectivamente tenemos esta inseguridad. Newton formuló la Ley general de la gravedad, basado en observaciones de cuerpos que caen sobre la tierra, y de los movimientos de los cuerpos celestiales. De allí dedujo que es una misma ley que gobierna ambos fenómenos, y logró expresar esta ley con la fórmula $F = G \cdot \dfrac{m_1 \cdot m_2}{r^2}$. Eso fue la primera vez en la historia que se demostró científicamente alguna conexión entre los movimientos de los objetos en la tierra, y los movimientos "celestiales": La misma ley y la misma fuerza que hace que una manzana caiga del árbol a la tierra, hace también que la luna orbite alrededor de la Tierra y los planetas alrededor del sol, en vez de escaparse al espacio.

(Debemos entender que aquí con "celestial" no nos referimos al cielo de Dios, sino al espacio exterior, el universo material. Cuando la Biblia dice que Dios vive "en el cielo", no se refiere a este cielo, sino a una dimensión más allá de nuestro universo.)

A partir de allí, poco a poco los científicos se acostumbraron a contar con "leyes de la naturaleza" que son las mismas en todas las partes del universo, y por todos los tiempos. En los tiempos de Newton se daba por sentado que estas leyes existen porque Dios mismo impuso Sus leyes y Su orden al universo. *(Vea Capítulo 14, " La matemática como expresión del orden del universo".)* Los científicos de aquellos tiempos confiaban en la validez de las leyes de la naturaleza, porque confiaban en la fidelidad de Dios.

Pero un científico ateo que niega el fundamento cristiano de Newton y sus sucesores, ¡ya no tiene ninguna base científica para afirmar que las leyes de la física valen en todo lugar del universo y por todos los tiempos! Lo único que puede afirmar, es que estas leyes resultaron válidas en todos los experimentos y observaciones hechos hasta ahora. Pero estos experimentos y observaciones abarcan solamente una porción muy, muy pequeña de "todo el universo" y de "todos los tiempos". Y en particular, ningún experimento permite observar el futuro. Si de esta pequeña muestra de observaciones pasadas concluimos que estas leyes son "universales" y seguirán válidas en el futuro, entonces ya no estamos haciendo un razonamiento científico; estamos haciendo una declaración de fe. Declaramos que creemos en la "uniformidad del universo"; o sea, en que el universo se comporta de la misma manera en todas sus partes y por todos los tiempos.

Esta creencia es útil (porque nos permite seguir haciendo ciencia); y se ha confirmado en los casos examinados hasta ahora; pero esta creencia *no es científica en el sentido estricto*. Es que la uniformidad del universo no tiene ninguna *causa* que se podría identificar científicamente. Es una *presuposición* sobre la cual descansa el entero edificio de las ciencias; o podemos decir un "postulado". Hemos visto que la matemática se edifica sobre postulados y axiomas, porque la matemática es una construcción mental que no necesita por principio estar conforme al universo tal como es. (Aunque después resulta que sí lo es, pero eso es un "milagro" que constatamos con sumo asombro, como dijo Wigner.) – ¡Pero no podemos hacer lo mismo en la física que pretende describir el universo *tal como es!* No podemos "postular" cómo deseamos que sea el universo; ¿qué tal si el universo no se ajusta a nuestras exigencias?

Volviendo al tema de los teoremas matemáticos: La pregunta no es entonces tan fuera de lugar, si un teorema sigue válido aun con números de muchos millones. Si estuviéramos formulando una ley de la física, efectivamente tendríamos que verificar eso. Pero la matemática es distinta de las otras ciencias, en que sí permite establecer teoremas acerca de una infinidad de casos. La "varilla mágica" que nos permite hacer eso, es el álgebra. Una variable algebraica puede significar *cualquiera* de los infinitos números que existen. Si logramos demostrar una propiedad con variables algebraicas, entonces está demostrada para *todos* los valores que las variables pueden asumir.

Tomemos como ejemplo un teorema que es fácil de demostrar:

"La diferencia entre dos cuadrados perfectos sucesivos es la suma de las raíces de estos cuadrados."

Veamos unos ejemplos:

25 y 36 son dos cuadrados sucesivos, porque $25 = 5^2$, y $36 = 6^2$. Su diferencia es 11, y esta es efectivamente la suma de las dos raíces: 5+6=11.

De la misma manera, $20^2 = 400$, y $21^2 = 441$. La diferencia de los cuadrados es 441 – 400 = 41, y la suma de las raíces es 20 + 21 = 41, igual a la diferencia de los cuadrados.

Tomando unos números mayores: $563^2 = 316969$, $564^2 = 318096$, la diferencia es 318096 – 316969 = 1127, y la suma de las raíces también 563 + 564 = 1127.

¿Con eso está demostrado el teorema? – De ninguna manera, porque el teorema dice que esta regla aplica en *todos* los casos. Aun miles o millones de ejemplos no pueden abarcar "todos" los casos posibles. Solamente si encontramos una fórmula que encierra dentro de sí *toda* la infinidad de casos, tenemos una demostración válida.

Generalizamos entonces el teorema, usando el álgebra. *Todo* cuadrado perfecto se puede escribir de esta manera: n^2, donde n es cualquier número natural. Entonces, el *siguiente* número natural después de n es $n+1$. Eso es también una verdad general que se aplica a todos los números naturales: El número siguiente siempre es uno más. Entonces, cualquier par de cuadrados perfectos *sucesivos* se puede escribir como **n^2** y **$(n+1)^2$**; y sus raíces son **n** y **$n+1$**.

Ahora podemos calcular la diferencia entre estos dos cuadrados. Esta diferencia es:

$(n+1)^2 - n^2$, o escrito de otra manera: **$(n+1) \cdot (n+1) - n^2$**.

Pero esta multiplicación de dos paréntesis podemos "calcular", usando la ley distributiva: **$(n+1) \cdot (n+1) = n^2 + 2n + 1$**. Entonces la diferencia entre los dos cuadrados es igual a:

$n^2 + 2n + 1 - n^2 = 2n + 1 = n + (n + 1)$.

Como resultado final, hemos demostrado que

$(n+1)^2 - n^2 = n + (n + 1)$.

El lado izquierdo es la diferencia entre los dos cuadrados sucesivos. El lado derecho es la suma de sus raíces, **n** y **$n+1$**. La igualdad es cierta en *todos* los casos, porque nuestra fórmula tiene validez general: no depende de cuánto es la **n**. Para fundamentar nuestras operaciones, hemos usado únicamente leyes matemáticas de las que ya sabemos que son ciertas para todos los números: que el sucesor de un número natural es el número más uno; y las leyes conmutativa, asociativa y distributiva. Por tanto, la conclusión también es cierta para *todos* los números.

De una manera similar (pero un poco más complicada) podríamos también demostrar la regla de la divisibilidad entre 2.

Este ejemplo ilustra la utilidad del álgebra para demostrar la validez *general* de una propiedad o un teorema. Una variable encierra dentro de sí todos los infinitos casos que necesitamos evaluar (por ejemplo todos los números naturales). Entonces, si hacemos ciertas operaciones con las variables, es como si hubiéramos hecho esas operaciones con todos los números a la vez. Así nos permite el álgebra manejar una cantidad infinita de casos con unos símbolos finitos.

¿"Infinito" es un número?

Ahora, si empezamos a acostumbrarnos al concepto de lo infinito, quizás se nos puede ocurrir hacer unos cálculos con el infinito. ¿Qué sucede si sumamos algo al infinito? ¿Cuánto es $\infty + 1$? *(El símbolo ∞ significa "infinito".)*

El infinito, por definición, está más allá de todo punto adonde podríamos llegar contando. Por tanto, no existe nada "más allá de lo infinito". O mejor dicho, lo que podría estar "más allá", sería igualmente infinito. Entonces, si sumamos algo a lo infinito, el resultado sigue siendo infinito.

Lo mismo sucede si multiplicamos o potenciamos lo infinito: El resultado siempre será infinito.

¿Podemos entonces escribir lo siguiente?

$$\infty + 695 = \infty$$

Restamos ∞ por ambos lados de esta "ecuación", y resulta:

$$695 = 0$$

¡Eso no puede ser! ¿Quizás nos hemos equivocado con el cero, y $\infty - \infty$ es en realidad igual a 695? Pero no, en este caso resultaría esto:

$$695 + 695 = 695$$

No llegamos a ninguna conclusión sensata. Es que "infinito" no es un número con el cual podríamos calcular. "Infinito" es una manera de decir que algo está *más allá de todo número*. Por eso, $\infty - \infty$ es una expresión indefinida. Podríamos darle a esta expresión cualquier valor que queremos, siempre es correcto – o siempre es equivocado.

Vamos a ver otra paradoja del infinito. ¿Cuánto es 1 ÷ 0 ?

Ahora, sabemos que no se puede dividir entre cero. Pero podemos intentar "acercarnos" a la respuesta. 1 ÷ 10 = 0.1, eso es un número pequeño. 1 ÷ 1 = 1, eso ya es un poco más grande. ¿Cuánto es 1 ÷ 0.1 ? Si nos acordamos de las leyes de las operaciones con fracciones, sabemos que esto es $1 \div \frac{1}{10} = 1 \cdot \frac{10}{1} = 10$. Parece que cuanto más nos acercamos al cero, más grande se vuelve el resultado. Efectivamente:

$$1 \div 0.01 = 100$$
$$1 \div 0.001 = 1000$$
$$1 \div 0.0001 = 10000$$
$$1 \div 0.00001 = 100000$$
... etc.

Entonces podemos asumir que cuando lleguemos a cero, el resultado va a ser infinito.

¿Podemos escribir entonces **1 ÷ 0 = ∞** ?

No saquemos conclusiones prematuras. Vamos a ver qué sucede si nos acercamos al cero desde el lado negativo:

$$1 \div (-10) = -0.1$$
$$1 \div (-1) = -1$$
$$1 \div (-0.1) = -10$$
$$1 \div (-0.01) = -100$$
$$1 \div (-0.001) = -1000$$
$$1 \div (-0.0001) = -10000$$
$$1 \div (-0.00001) = -100000$$
... etc.

19. Los misterios del infinito

¡Ahora los resultados se vuelven cada vez "más negativos"! Tendríamos que concluir entonces que **1** ÷ **0** = **–∞**. Y entonces, ¿el infinito positivo y el infinito negativo son lo mismo? O sea, ¿∞ = –∞?

En esta clase de paradojas nos enredamos constantemente cuando tratamos al infinito como un "número" e intentamos calcular con él. No podemos usar el infinito en una operación aritmética. Parecía que las variables algebraicas iban a convertir el infinito en algo "manejable", pero no es así. Aun si la matemática nos permite desenredar muchos secretos de lo infinito, no olvidemos que sigue siendo algo mucho más allá de las capacidades de nuestra imaginación.

Lo finito no puede contener lo infinito

En los libros escolares de matemática podemos encontrar tareas que exigen continuar una sucesión dada. Por ejemplo:

"Continúa esta sucesión de manera lógica: 13, 16, 19, 22, ..."

Parece fácil: Los números aumentan de 3 en 3, entonces la continuación sería 25, 28, 31, ...

En esta clase de tareas se trata de encontrar patrones regulares, repetidos, y desde allí hacer predicciones acerca de la continuación de la secuencia. Tales patrones existen también en la naturaleza creada, y nos pueden servir, por ejemplo, para predecir el tiempo, o para prevenir desastres.

Dios espera de nosotros que apliquemos esta capacidad también para entender sabiamente las señales de los tiempos que él nos da. Jesús reprochó a los religiosos de su tiempo porque sabían predecir el tiempo desde la apariencia del cielo, pero rechazaron las señales que Dios les dio para hacerles entender su voluntad:

> "Cuando se hace tarde, dicen: '[Será] sereno, porque el cielo tiene arreboles.' Y en la mañana: '[Habrá] tempestad, porque el cielo está nublado con arreboles.' El rostro del cielo saben distinguir, ¿pero las señales de los tiempos no pueden?" (Mateo 16:2-3)

Nuestra razón natural no es perfecta; pero Dios quiere que la usemos para sacar conclusiones de lo que sabemos acerca de su manera de actuar en el pasado, para que sepamos entender los tiempos presentes.

Sin embargo, las situaciones de la vida a menudo permiten varias interpretaciones. Se necesita una buena cantidad de sabiduría, y conocimiento de la palabra de Dios, para entender las "señales de los tiempos" y la voluntad de Dios.

Lo mismo aplica a las sucesiones de números, sobre todo cuando conocemos sólo pocos miembros. Por ejemplo, ¿cuál es la "regla" de la siguiente sucesión?

1, 2, 5, 10, ...

Podríamos decir que la regla es: x2, +3, x2, +3, etc. O sea, que alternadamente multiplicamos por dos y sumamos tres. Entonces la secuencia sería:

1, 2, 5, 10, 13, 26, 29, 58, 61, ...

Pero igualmente podríamos decir que la regla es: +1, +3, +5, +7, etc. O sea, que cada vez sumamos 2 más. Eso da la secuencia:

1, 2, 5, 10, 17, 26, 37, 50, 65, ...

Ambas soluciones son matemáticamente correctas y lógicas.

Podemos encontrar tales ambigüedades aun en sucesiones donde conocemos más miembros. Por ejemplo:

5, 7, 11, 13, 17, 19, 23, ...

Podemos analizar las diferencias y decir que la regla es: +2, +4, +2, +4, etc. Entonces después de 23 continuaríamos:

25, 29, 31, 35, ...

Pero con el mismo derecho podríamos decir que se trata de la sucesión de los números primos mayores a 3. Entonces, después del 23 seguiría:

29, 31, 37, 41, ...

Aquí también, ambas soluciones son matemáticamente válidas y correctas.

De hecho, estas ambigüedades existen en *cada* sucesión. Para cualquier sucesión finita, se pueden dar varias "reglas de construcción" que son todas matemáticamente correctas – ¡incluso una infinidad de reglas!

Por ejemplo, ¿cómo continúa la siguiente sucesión?

1, 2, 3, 4, 5, ...

Claro que sigue 6, 7, 8, ... ¿o no? Yo digo que no; que la continuación es: 126, 727, 2528, ... ¿Cómo llego a esta conclusión extraña? – Bien, yo propongo que la "regla de construcción" es la siguiente:

$n^5 - 15n^4 + 85n^3 - 225n^2 + 275n - 120$.

En esta fórmula, *n* significa el "índice" o "número de posición" de cada miembro de la sucesión. Si remplazamos la *n* sucesivamente por los números de 1 a 8, la fórmula rinde los resultados:

1, 2, 3, 4, 5, 126, 727, 2528.

Y podríamos generar otras fórmulas que también darían la secuencia 1, 2, 3, 4, 5, pero con continuaciones diferentes. Existen leyes y procedimientos matemáticos que permiten encontrar tales fórmulas para describir *cualquier* sucesión finita, aunque la sucesión tenga muchos miembros más. (Solamente que con mayor cantidad de miembros conocidos, las fórmulas se volverán más complejas.)

O sea, si comenzamos con una sucesión finita y queremos prolongarla hasta lo infinito, siempre existen varias posibilidades matemáticamente correctas de hacerlo. *Lo finito no puede definir lo infinito.* Si queremos describir una sucesión infinita con toda claridad, tenemos que dar una "regla de construcción" generalizada, de la cual se define anticipadamente que la misma regla se aplicará a todos los infinitos miembros. En ausencia de una tal regla, aun miles de miembros no permiten deducir la regla de manera *inequívoca y sin ambigüedades*. Lo finito no puede contener lo infinito.

Boecio, un escritor romano del siglo 6, había expresado esta verdad de la siguiente manera:

> "Si comparas la duración de un momento con la de diez mil años, existe cierta proporción [matemática] entre ellas, aunque pequeña, porque ambas son finitas. Pero diez mil años, multiplicadas tantas veces como quieras, no pueden ni siquiera compararse con la eternidad. Las cosas finitas se pueden comparar entre sí, pero ninguna comparación es posible entre lo finito y lo infinito." *(Citado en Kneale.)*

La tortuga de Zenón

De hecho, el cálculo con cantidades "infinitas" es un invento relativamente reciente en la matemática. Antes del siglo 17, los matemáticos no se atrevían a investigar el infinito. Para los antiguos griegos, la idea del infinito les causaba unos problemas imposibles de resolver. El siguiente ejemplo fue propuesto por el filósofo Zenón de Elea (495 – 435 A.C.):

Supongamos que un atleta corre una carrera contra una tortuga. Ya que la tortuga es más lenta, le damos una ventaja de 100 metros. Entonces, el atleta nunca va a poder alcanzar la tortuga. ¿Por qué? – Supongamos que la velocidad del atleta es 10 veces la velocidad de la tortuga. Entonces, cuando el atleta ha corrido 100 metros y llega al lugar donde estaba la tortuga, ésta ha avanzado 10 metros. El atleta corre estos 10 metros, pero la tortuga ya está un metro más adelante. El atleta corre también este metro, pero la tortuga ya ha avanzado 10 centímetros más. Esto nunca termina: Cada vez que el atleta llega al lugar donde estaba la tortuga, ésta ya ha avanzado un poco más. Es cierto que estos tramos se vuelven cada vez más pequeños; pero son infinitos tramos que se tienen que sumar, y por tanto nunca llegaremos al punto donde el atleta sobrepasa la tortuga:

$$\underbrace{100\,m + 10\,m + 1\,m + 10\,cm + 1\,cm + ...}_{(infinitos\ sumandos)}$$

Por supuesto, los antiguos griegos sabían también que en realidad el atleta siempre sobrepasa la tortuga. Pero según el argumento de Zenón, ese momento nunca podía llegar, porque primero tenían que pasar infinitos tramos; entonces pasaría un tiempo infinito. Los antiguos griegos no eran capaces de refutar este argumento.

Su problema fue básicamente un problema espiritual: Ellos no conocían al Dios infinito.

La mitología griega relata el "nacimiento" de sus dioses, y dice que en el fin del mundo también los dioses perecerán. El Dios de la Biblia, en cambio, no tiene principio ni fin: Él existe desde la eternidad y por toda la eternidad.

Los dioses griegos tienen esferas de influencia limitadas. Algunos de ellos tienen lugares fijos donde habitan (por ejemplo la tierra; el monte Olimpo; el mar; el mundo subterráneo; etc). No pueden estar presentes en todo lugar; no saben todo; no tienen poder sobre todo. El Dios de la Biblia no tiene ninguna de estas limitaciones.

La vida de los dioses griegos es en muchos aspectos un reflejo de la vida humana: se enamoran, se casan y tienen hijos; se pelean entre ellos y toman partido en las guerras de los hombres; aun cometen adulterio. El Dios de la Biblia, en cambio, es perfecto; no comete el mal; y no es dominado por sus pasiones.

En todos estos aspectos vemos que los dioses griegos eran limitados, eran finitos. No nos sorprende entonces que los antiguos griegos tenían muchas dificultades con el concepto de lo infinito.

Superando el temor al infinito

Solamente más de dos mil años después de Zenón, los matemáticos lograron resolver su paradoja de una manera aceptable. Para llegar a la respuesta se necesita el álgebra, ... y la audacia de efectuar una operación matemática infinita.

Usando los mismos números como en el ejemplo arriba, podemos escribir la suma infinita de Zenón de la siguiente manera:

$$x = 100 + 10 + 1 + 0.1 + 0.01 + ...$$

Los puntitos al final indican que eso continúa infinitamente, pero *obedeciendo a una regla*. La regla es que cada sumando es un décimo del sumando anterior. El matemático llama a eso una "progresión geométrica".

Ahora llegamos a la gran iluminación que permite resolver el misterio: Esta regla nos ofrece un camino para convertir la suma infinita en una finita. Multiplicamos la serie entera por 10. El resultado es una serie casi idéntica a la primera. Calculamos entonces la diferencia entre la serie multiplicada por 10, y la serie original. Llamemos ***x*** a la suma de la serie entera, entonces tenemos:

$$10x = 1000 + 100 + 10 + 1 + 0.1 + ...$$
$$\underline{- x = \quad\quad - 100 - 10 - 1 - 0.1 - 0.01 ...}$$
$$9x = 1000$$

Después de 1000, todos los sumandos que siguen se anulan, hasta lo infinito. ¡Hemos reducido la suma infinita a un único número finito! Aunque podríamos

19. Los misterios del infinito

pensar que la serie que restamos tiene al final un miembro más que la primera. Pero estamos continuando hasta lo infinito. Por tanto, nunca llegamos a ese punto donde "sobraría" un miembro.

Con eso está demostrado que la "suma infinita" tiene efectivamente un resultado finito. Para saber cuánto es, solamente hace falta resolver la última ecuación de arriba:

$$x = \frac{1000}{9} = 111\frac{1}{9}$$

Esta es la distancia donde el atleta sobrepasa la tortuga.

Hay un único gran problema que hemos pasado por alto, y este problema es la razón por qué la paradoja quedó tantos siglos sin resolver: *¿Quién o qué nos garantiza que esa sustracción de infinitos miembros se puede efectivamente continuar hasta lo infinito?*

En este caso no nos ayuda el álgebra, porque tenemos infinitos sumandos, entonces necesitaríamos también infinitos símbolos para representarlos. Uno puede mirar la operación y simplemente decir: "¡Es obvio que los miembros siguen anulándose! Eso obedece siempre a la misma regla." Sí ... pero eso no es una demostración matemática. Eso se puede decir solamente cuando uno tiene fe en el Dios infinito quien tiene el control aun sobre lo infinito, y quien asegura que Sus leyes sigan válidas y consistentes aun en el dominio del infinito. Solamente con fe en el Dios infinito, los matemáticos pudieron atreverse por primera vez a resolver una tal operación infinita.

De hecho, hasta hoy los matemáticos siguen teniendo un temor bien justificado de decir que una suma infinita "es" tanto. No es completamente correcto decir que la suma infinita arriba "es" $111\,^1/_9$. El matemático prefiere decir: "*El límite de esta suma es* $111\,^1/_9$, cuando el número de sumandos *tiende a* infinito." Diciéndolo así, mantenemos una sana reverencia ante lo infinito, y nos guardamos ante la ilusión de que ahora hayamos "domesticado" la infinidad. El procedimiento que hemos usado, crea la *apariencia* de que ahora realmente podemos sumar y restar infinitos sumandos; pero en realidad somos tan incapaces de hacer eso como antes. Lo único que hemos demostrado es que esa suma y diferencia infinita *se anularía, si pudiéramos* llegar hasta el infinito. Pero somos finitos; tenemos que reconocer que nunca llegaremos realmente hasta lo infinito.

Y todavía falta en nuestra demostración esa fundamentación crucial de *por qué* podríamos continuar el proceso hasta lo infinito. Durante varios siglos, los matemáticos no se preocupaban por encontrar una fundamentación formal. Simplemente aplicaban los procedimientos del cálculo infinitesimal (porque este tema se encuentra ya en el umbral del cálculo infinitesimal), confiando en el Dios infinito, y porque era "obvio" que el proceso se puede continuar arbitrariamente lejos.

Solamente en tiempos más recientes, se desarrollaron métodos de demostración más formales, basados en los axiomas de Peano y en el método de la inducción matemática. El axioma que viene al caso aquí, es el siguiente: "Si un conjunto contiene el número 1, y si ese conjunto contiene con cada número natural también su sucesor, entonces ese conjunto contiene todos los números naturales." Este axioma permite demostrar formalmente que una propiedad es verdadera para *todos* los miembros de una sucesión infinita. Se necesita demostrar solamente que las condiciones de este axioma se cumplen.

Aplicado a nuestro ejemplo: Primero tendríamos que demostrar que la *primera* diferencia (+100 – 100) es cero. (Esto es obvio.) Después tendríamos que demostrar que *si* la diferencia número **n** es cero, *entonces* también la diferencia número **n+1** es cero.[31] El principio de la inducción matemática dice que con eso estaría demostrada la "cadena" entera, desde el primer miembro hasta lo infinito.

Pero notamos que este razonamiento sigue fundamentándose sobre un axioma que debe aceptarse "por fe". Las demostraciones son ahora más formales y más rigurosas que aquellas que usaron Newton, Leibniz y Euler; pero en el fondo se remplazó solamente la fe en el Dios infinito por la fe en el principio de la inducción matemática. Eso es quizás un progreso en lo formal, pero no en lo esencial.

Por supuesto que el cálculo infinitesimal abarca temas mucho más amplios que las pocas ideas que hemos mencionado aquí. Con el concepto del "límite", se logró dar sentido a expresiones como estas, que normalmente no tienen ningún resultado definido:

$$\frac{0}{0}, \quad 0 \cdot \infty, \quad \infty - \infty, \quad \frac{\infty}{\infty},$$ y otras similares.

Por ejemplo la expresión $0 \cdot \infty$ implica que algún valor se calcula a partir de "infinitas" partes que son "infinitamente pequeñas" (o "infinitesimales"). Esto permite obtener una "precisión infinita" (o sea, exacta) para valores que anteriormente no se podían calcular, o que solamente se podían aproximar desde muy lejos.

Aplicando estos conceptos a funciones, movimientos, fuerzas, áreas, volúmenes, etc, se lograron resolver una gran multitud de problemas que no se podían resolver con los métodos anteriores. El cálculo infinitesimal produjo una verdadera revolución en la matemática y la física.

Para poder inventar estos conceptos, se tenían que cumplir dos condiciones previas:

1. **Una cultura saturada del conocimiento del Dios de la Biblia, el Dios infinito.** Solamente así, los matemáticos podían siquiera mantener alguna esperanza de que sería posible "manejar" lo infinito.

---

31) Por ejemplo así: Para que una diferencia sea cero, se deben haber restado dos números iguales: **a – a**. Por la regla de nuestra sucesión, el miembro que sigue después de **a** es **a÷10**. Entonces si la diferencia número **n** es **a – a** = 0, la diferencia número **n+1** (la siguiente) es **(a÷10) – (a÷10)** = 0.

19. Los misterios del infinito

Esta primera condición comenzó a cumplirse durante la Edad Media, cuando el cristianismo podía difundirse en Europa durante muchos siglos. Pero la forma católico romana del cristianismo sufre de dos defectos importantes:

- Hace una separación estricta entre el "ámbito religioso" y el "ámbito secular". En la cosmovisión católica romana, Dios no obra directamente en el mundo, ni se relaciona directamente con el creyente, sino solamente por medio de "la iglesia". Y "la iglesia" se entiende no como el pueblo de los redimidos, sino como una institución impersonal, gobernada por una jerarquía. En consecuencia, los europeos de la Edad Media no podían imaginarse que Dios tuviera algo que ver con su trabajo diario o con la ciencia práctica. La vida religiosa sucedía en los templos y monasterios. Al mismo tiempo, los monjes eran (casi) los únicos que tenían el tiempo y las posibilidades de hacer investigaciones científicas. Por tanto, prácticamente toda la ciencia europea de la Edad Media giraba alrededor de los intereses de la iglesia, y se encontraba alejada de la vida diaria y práctica.

- El catolicismo romano insiste en la autoridad de los líderes de la iglesia sobre todos los asuntos de la fe y de la enseñanza. En consecuencia, la enseñanza y la investigación no eran libres; tenían que someterse bajo la censura de la jerarquía de la iglesia. Tampoco la palabra de Dios podía escudriñarse libremente. Por eso, la cultura europea medieval no fue realmente moldeada por la palabra de Dios; fue moldeada por el dictado de la jerarquía de la iglesia.

Pero la matemática es – como la palabra de Dios en la Biblia – una verdad absoluta en su propio derecho. Ninguna autoridad política o eclesiástica puede dictar lo que es la matemática correcta. No sorprende entonces que en las circunstancias de la Edad Media, la matemática no hacía mucho progreso en la Europa (supuestamente) cristiana. Los mayores avances matemáticos de aquella época se hicieron en la India; pero los hindúes no llegaron a descubrir el cálculo infinitesimal.

2. La segunda condición que tenía que cumplirse fue entonces **la libertad de la investigación**. Esto se cumplió con la Reforma del siglo 16, porque allí se declaró que cada cristiano tiene acceso directo a Dios, sin necesidad de un sacerdote como intermediario (1 Timoteo 2:5, Hebreos 4:14-16, Hebreos 10:19-22). En consecuencia, cada cristiano era libre también para investigar la verdad de Dios en la Biblia, y en la naturaleza creada. Así vemos el mayor avance de la ciencia y de la matemática después de la Reforma, y en los países influenciados por ella.

Un movimiento paralelo que también impulsó la libertad de la investigación, fue el Renacimiento (sobre todo en Italia). Por eso vemos en la misma época también un avance de la ciencia en Italia, aunque ese país fue muy poco influenciado por la Reforma.

Pero el Renacimiento tenía como meta volver a la antigua cultura pagana de Grecia y Roma antes del cristianismo. En aquella cultura había libertad de investigación; pero hacía falta el conocimiento del Dios infinito, y ya hemos visto que por eso los matemáticos de la antigua Grecia fracasaron en los problemas relacionados con lo infinito. La Edad Media, por el otro lado, tenía conocimiento de Dios, pero no tenía libertad de investigación. Solamente la Reforma unió ambos elementos necesarios para que el pensamiento matemático de la época pudiera superar las dificultades asociadas con el infinito. Y en consecuencia fueron dos países reformados, Inglaterra y Alemania, donde se descubrió el cálculo infinitesimal en el siglo 17.

Algunos otros aspectos de la matemática del infinito se mencionan en el Capítulo 17, "Unos matemáticos famosos y su fe", en la sección acerca de Georg Cantor.

20. Matemática, armonía y belleza

Aun en las artes nos encontramos con la matemática. En este campo, los gustos individuales pueden ser muy distintos. Sin embargo, parece que nuestro sentido de lo que percibimos como bello y armonioso está de cierta manera "afinado" según principios matemáticos. Veremos unos ejemplos.

Armonías musicales

Ciertas notas musicales armonizan bien entre sí y forman un acorde, cuando se tocan simultáneamente. Por ejemplo, las notas Do, Mi, Sol forman juntas el acorde Do Mayor. Las notas Mi, Sol, Si forman el acorde Mi Menor. En cambio, otras notas no armonizan bien. Si tocamos simultáneamente las notas Do, Mi, Fa y Si, el resultado no nos parecerá tan armonioso. Y si añadimos notas que no existen en un teclado normal (por ejemplo una nota intermedia entre Mi y Fa), el sonido nos parecerá aun más extraño.

Las notas musicales que percibimos, dependen de la frecuencia de la vibración; y los intervalos entre las notas corresponden a las proporciones matemáticas entre estas frecuencias. A nuestro oído, algunas de estas proporciones parecen más armoniosas que otras. Las proporciones más armoniosas son las que se pueden expresar con números enteros pequeños. Lo que es matemáticamente sencillo, lo percibimos como armonioso. Los intervalos de la escala musical que usamos normalmente, corresponden a las fracciones más sencillas. Todas se pueden expresar con múltiplos de los números primos más pequeños: 2, 3 y 5. Por ejemplo, la proporción entre Sol y Do es de 3 : 2; la proporción entre Fa y Do es de 4 : 3, entre Mi y Do es de 5 : 4, y entre Re y Do es de 9 : 8. El intervalo más pequeño y menos "armonioso", el semitono, corresponde a una proporción de 16 : 15. Estas proporciones matemáticamente sencillas, con muchos divisores comunes, producen armonías. En cambio, una música con notas en proporciones como 23 : 62 ó 41 : 73 nos parecería desafinada y caótica.

Algo similar sucede con el *ritmo*. El ritmo musical se basa en tiempos de duración igual, que se dividen sucesivamente en 2 ó 3 partes iguales. La "nota blanca" dura la mitad de una "nota redonda"; la "nota negra" dura la mitad de una blanca, la "corchea" dura la mitad de una negra, etc. Mucho menos usuales son los tresillos, que son tercios de un tiempo. Estas "fracciones sencillas" del tiempo nos dan una sensación de regularidad, lo que es importante para el ritmo. En cambio, un ritmo que combina por ejemplo séptimos de un tiempo con undécimos de un mismo tiempo, o denominadores aun más complicados, nos parecería desordenado e irritante.

(Exploramos algunas de estas conexiones entre matemática y música en el tomo de Primaria II de la serie "Matemática activa".)

La proporción áurea

En las artes visuales, una proporción matemática especial ha jugado un rol tan importante que se la ha llamado la "proporción áurea". Muchos artistas dijeron que esta proporción es la más armoniosa, por ejemplo cuando se usa en la proporción entre el ancho y la altura de un edificio. La misma proporción se encuentra en muchas medidas de un cuerpo humano "bien proporcionado". Por ejemplo se dice que es la proporción "ideal" entre la estatura total y la altura del ombligo; o entre el largo del antebrazo y el largo de la mano (con los dedos extendidos).

En la matemática, la "proporción áurea" aparece por ejemplo entre los segmentos que forman las diagonales de un pentágono regular entre sí:

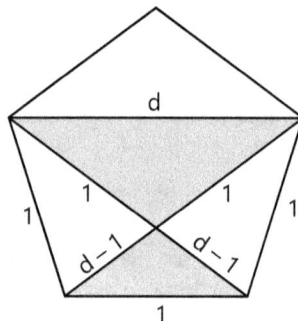

Se puede demostrar matemáticamente que el segmento mayor es igual al lado del pentágono, por lo cual hemos rotulado ambos con "1". Entonces, el segmento menor es la diagonal menos 1 (= d − 1). Ahora, la proporción entre el lado (1) y el segmento menor (d − 1) es igual a la proporción entre la diagonal entera (d) y el lado. *(Eso se puede deducir del hecho de que los dos triángulos sombreados son semejantes.)* Escrito con símbolos:

$$\frac{1}{d-1} = \frac{d}{1}$$

Si resolvemos esta ecuación, obtenemos para la longitud de la diagonal la expresión:

$$d = \frac{\sqrt{5}+1}{2} = 1.6180...$$

Este es entonces el número que proporciona la mayor armonía, según muchos artistas: cuando la proporción entre el entero y su parte mayor es igual a la proporción entre la parte mayor y la parte menor.

Muy relacionada con la proporción áurea es la secuencia de Fibonacci:

$$1, 1, 2, 3, 5, 8, 13, 21, ...$$

Cada miembro de esta secuencia se obtiene sumando los dos anteriores:

$$1 + 1 = 2, \quad 1 + 2 = 3, \quad 2 + 3 = 5, \quad 3 + 5 = 8, \; ...$$

20. Matemática, armonía y belleza

Cuanto más avanzamos en esta secuencia, más se aproximan las proporciones entre sus miembros a la proporción áurea:

3 : 2 = 1.5
5 : 3 = 1.666...
8 : 5 = 1.6
13:8 = 1.625
21:13 = 1.6153...
34:21 = 1.6190....
   ... etc.

Esta secuencia rige por ejemplo la distribución de las hojas alrededor del tallo en muchas especies de plantas. También aparece en las flores del girasol: Las semillas forman un patrón de espirales en ambas direcciones. Si contamos cuántas espirales hay en una dirección, y cuántas hay en la dirección contraria, siempre resultará un par de números sucesivos de la secuencia de Fibonacci. El mismo patrón de "espirales Fibonacci" se encuentra en los conos de pino, y en la fruta de la piña.

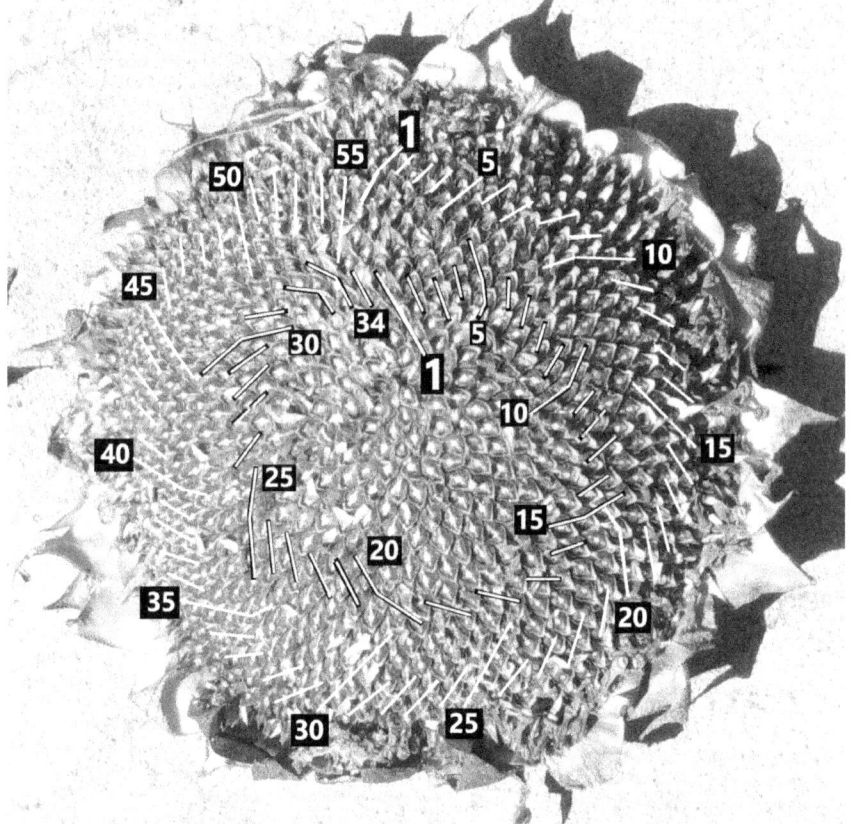

La foto muestra un girasol con 34 espirales en una dirección, y 55 espirales en la otra dirección; números consecutivos en la secuencia de Fibonacci.

¿Por qué encontramos en estas plantas la misma proporción que se ha vuelto tan importante en el arte? ¿No será porque nuestro sentir de lo que es bello y armonioso, se orienta en la creación de Dios quien puso esta proporción dentro de Sus obras?

(En el tomo de Secundaria I de la serie "Matemática activa" exploramos las propiedades matemáticas de la proporción áurea)

Imágenes fractales

En el *Capítulo 14* hemos mencionado los fractales como un ejemplo de un "invento matemático" que resultó útil para describir objetos de la naturaleza creada. Las representaciones gráficas de ciertos fractales se parecen a obras de arte moderno sumamente complicadas, o a objetos de la naturaleza. Veamos unos ejemplos:

Los "conjuntos Julia" son el resultado de ciertas operaciones que se efectúan reiteradamente sobre los números del plano complejo. Las dos imágenes siguientes representan dos de estos conjuntos:

Los conjuntos Julia contienen detalles "semejantes a sí mismos", que continúan repitiéndose a una escala cada vez menor. Las siguientes dos imágenes muestran detalles de dos otros conjuntos Julia, a una ampliación mayor:

20. Matemática, armonía y belleza

La siguiente imagen se generó a partir de 16 puntos, a los que se aplicó un tono de gris arbitrario. Para rellenar el espacio entre los puntos, se aplicaron 8 iteraciones de un algoritmo de interpolación "semejante a sí mismo". Eso se hizo de tal manera que la imagen resultante se puede repetir tanto horizontal como verticalmente con transiciones suaves, de manera que el patrón se puede continuar infinitamente. La imagen contiene 4 ejemplares del mismo patrón:

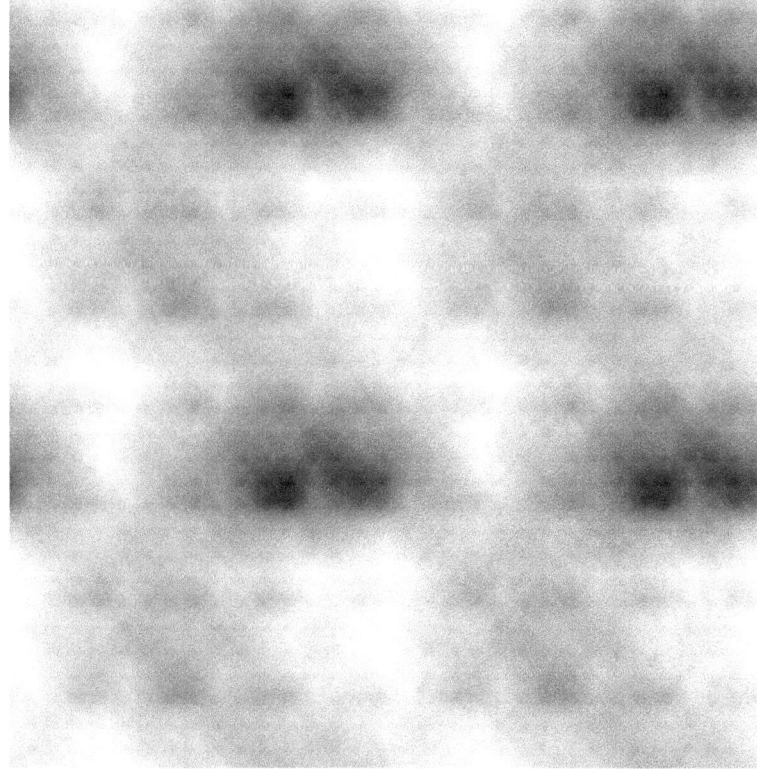

Patrones como estos se parecen mucho a formas naturales que aparecen por ejemplo en nubes, o en el relieve de un paisaje. La siguiente imagen muestra el mismo patrón como arriba, interpretado como un paisaje tridimensional. Solamente que se añadió el "nivel del mar" a una altura arbitraria, y se dio una textura al suelo:

La planta de la quinua es otro ejemplo de la "semejanza a sí misma": Las ramas laterales se parecen a réplicas de la planta entera a una escala menor.

Lo siguiente es un intento (todavía imperfecto) de "reproducir" una planta de quinua, mediante una simulación computarizada que usa una fórmula iterativa "semejante a sí misma". La imagen siguiente muestra sucesivamente el resultado después de 3, 4 y 6 iteraciones, respectivamente:

20. Matemática, armonía y belleza

Y aquí vemos el resultado de 8 iteraciones:

Fórmulas hermosas

Existe otra clase de belleza matemática que es más difícil de apreciar, pero no menos interesante. Me refiero a la "elegancia" de ciertas fórmulas, leyes matemáticas, o demostraciones. Por ejemplo, una fórmula famosa que por muchos matemáticos ha sido clasificada como "bella", es la fórmula de Euler que relaciona entre sí las constantes más importantes de la matemática:

π, la proporción entre perímetro y diámetro de un círculo,
e, la base de los logaritmos naturales,
i, la unidad básica de los números imaginarios,
y ademas los "números fundamentales" 0 y 1:

$$e^{i\pi} + 1 = 0$$

Pero para apreciar lo que hay de "bello" en esta fórmula, es necesario conocer algunos conceptos un poco avanzados de la matemática, por ejemplo la aritmética de los números complejos. Y es necesario poder apreciar no solamente aquella "belleza" que se percibe con los ojos o con el oído, sino también la "belleza de las ideas abstractas". Por ejemplo, π y *e* son ambos "números trascendentales". Eso implica que estos números no se pueden representar mediante construcciones geométricas con las herramientas usuales (regla y compás), ni mediante ecuaciones polinómicas, y por tanto el cálculo de su valor numérico presenta considerables dificultades. Además proceden de ramas diferentes de la matemática que aparentemente no están relacionadas entre sí: π aparece en la geometría y trigonometría, mientras *e* tiene su "origen" en el álgebra de las funciones exponenciales y logarítmicas. Por tanto, es muy sorprendente que estas dos constantes sean conectadas entre sí por una relación tan sencilla, y además usando como "intermediario" una tercera rama de la matemática, la aritmética de los números complejos. La fórmula de Euler es así una ilustración de las numerosas y sorprendentes interrelaciones que existen entre diferentes ramas de la matemática, y como diversos temas matemáticos pueden trazarse desde los mismos principios fundamentales.

Esta fórmula es a su vez relacionada con otras relaciones no menos sorprendentes, como las siguientes:

$$\operatorname{sen} x = \frac{e^{ix}-e^{-ix}}{2i}, \quad \cos x = \frac{e^{ix}+e^{-ix}}{2}$$

- Otra fórmula, un poco más fácil de entender, que tiene una simetría sorprendente, es la siguiente:

$$1^3 + 2^3 + 3^3 + \ldots + n^3 = (1 + 2 + 3 + \ldots + n)^2$$

Probando con unos números, vemos fácilmente que esta identidad es verdadera.

20. Matemática, armonía y belleza

Por ejemplo para n = 4:

$$1 + 8 + 27 + 64 = (1 + 2 + 3 + 4)^2 = 100$$

Pero demostrar por qué es verdadera para *todos* los números, es menos fácil. Una "demostración sin palabras" (que requiere todavía unas explicaciones adicionales) es la siguiente:

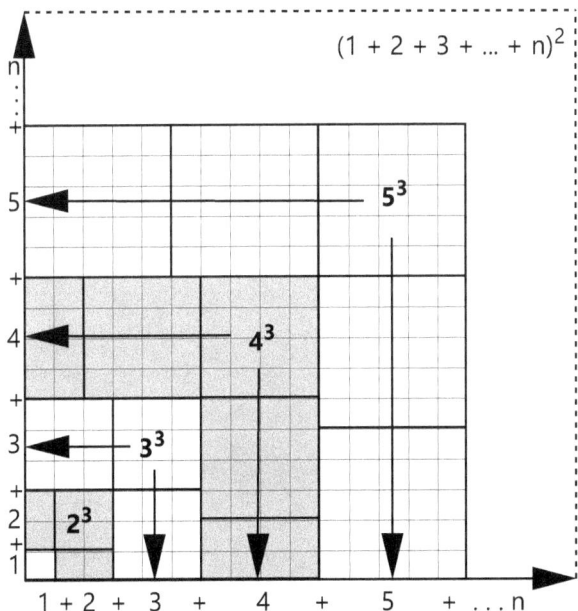

Como en toda forma de arte, también en la matemática es un asunto del gusto personal, cuáles ideas o demostraciones uno considera como "bellas". Pero existen tantas relaciones interesantes y sorprendentes entre los objetos de la matemática, que cada persona puede descubrir algunas de ellas por sí misma, una vez que le encuentra el gusto. Hacer descubrimientos matemáticos es una aventura emocionante, realmente un "placer de reyes". *(Vea Proverbios 25:2, y en el Capítulo 9, "Aprender matemática por investigación propia").*

Podemos ver belleza también en ciertas demostraciones que explican de manera sencilla e ingeniosa unas propiedades aparentemente misteriosas. Un ejemplo clásico es la demostración de Euclides de que los números primos son infinitos:

Supongamos que existen solamente finitos números primos. Entonces uno de ellos es el último; llamémoslo *p*. Entonces podemos formar el producto de todos los números primos, multiplicándolos todos. Llamemos este producto **P**: **P** = 2 · 3 · 5 · 7 · ... · **p**. Ahora, **P** es divisible entre todos los números primos. Esto significa que el siguiente número, **P+1,** no es divisible entre *ningún* número primo; porque cada división entre un número primo va a dejar un residuo de 1. Quedan solamente dos alternativas: O **P+1** es un número primo; o sus factores primos son mayores a **p**. Así o así, **p** no es el mayor número primo que existe. Por tanto, nuestra suposición inicial fue falsa: No existe ningún "último" número primo; los números primos nunca terminan.

La "elegancia" de una demostración como esta reside en que permite, con unos razonamientos bastante sencillos, deducir propiedades de unos objetos matemáticos (por ejemplo números) sin efectivamente calcularlos. Podemos ver que la demostración es cierta, sin que tuviéramos que multiplicar realmente todos los números primos conocidos y después verificar la divisibilidad del resultado. Los principios matemáticos son tan poderosos que nos permiten hacer declaraciones verdaderas acerca de números y objetos *desconocidos*.

21. La matemática y la vida

El admirable ADN[32]

La investigación de los seres vivos ha traído a la luz más propiedades matemáticas interesantes. Cuando se empezaron a descubrir las funciones del ADN, inicialmente se pensaba que se trataba simplemente de un mecanismo para sintetizar proteínas. Ahora, eso es ya algo sorprendente, porque este mecanismo se basa en la codificación y descodificación de información, o sea en un tipo de "lenguaje". Las secuencias de bases en el ADN no tienen ninguna propiedad común con los aminoácidos que codifican, ni en su forma geométrica, ni en su composición química. Su significado es asignado de manera *arbitraria*.

Donde suceden reacciones químicas, se pueden predecir según las propiedades químicas de las sustancias involucradas. Pero los significados del código del ADN son definidos no por necesidad química, sino según criterios arbitrarios. Es como descifrar letras o palabras de un idioma extranjero o de un "código secreto". Eso no es concebible sin que alguna mente inteligente hubiera establecido de antemano el *significado* de la información, o sea la *regla de correspondencia* entre la secuencia del ADN y los aminoácidos que se sintetizan.

Además, la entera "máquina" que sintetiza las proteínas, ¡también tiene que ser sintetizada primero según las instrucciones contenidas en el ADN! O sea, el código del ADN no tiene significado sin el mecanismo de descodificación; pero el mecanismo de descodificación no puede existir sin que se ejecute el código del ADN. Decir que todo este mecanismo haya evolucionado por sí mismo, equivale a decir que una computadora pueda (a lo largo de muchas "generaciones") por sí misma, sin la intervención de un programador humano, generar un programa que sintetiza el procesador de la misma computadora a partir de las materias primas – y eso con que la computadora no puede ejecutar programas, antes que tenga un procesador.

Pero las analogías entre el ADN y un programa de computadora van todavía mucho más lejos. Se encontró que el ADN no solamente codifica aminoácidos. Contiene también instrucciones para el flujo del programa, correspondientes a las que existen en los lenguajes de programación de computadoras: instrucciones para comenzar y para terminar una secuencia de código; saltos incondicionales y condicionales; bucles; etc. También tiene capacidades similares a la interacción con el usuario en una computadora: Ciertas porciones del código genético están "dormidas", y se ejecutan solamente bajo ciertas circunstancias determinadas. Tenemos aquí nuevamente una coincidencia sorprendente entre principios matemáticos (de la informática, en este caso) que fueron "inventados" hace tiempo, pero sólo

---

32) Con unas informaciones tomadas de Scheele 2006.

posteriormente se descubrió que describen acertadamente ciertos procesos fundamentales en el mundo creado. Los principios de la informática, descubiertos en el siglo 20, ¡ya están implementados en la creación de Dios desde el principio!

Los límites de la matemática

Hemos hablado de los principios informáticos manifiestos en el ADN. Pero eso todavía no es la esencia de la vida misma. Al nivel molecular actúan todavía las mismas leyes como en los objetos inanimados. La matemática es una herramienta útil para describir el "comportamiento" de los objetos inanimados, o sea la física y química. Pero no es adecuada para describir a los seres vivos. Una descripción del código genético todavía no es una descripción de un ser vivo: Un organismo que acaba de morir, tiene exactamente el mismo ADN y la misma composición química como un organismo vivo. Pero sus "mecanismos" ya no funcionan, porque falta lo más importante: la vida misma.

Hay que dar a la matemática la importancia que merece, pero no hay que sobrevalorarla. En algunos lugares hay tendencias de querer "matematizar" todo: se aplican principios de la teoría de juegos a la economía y la política; se aplican principios de la estadística para generar teorías sociológicas, pedagógicas y psicológicas; etc. Así se da la apariencia de que esos campos del saber fueran igual de "exactos" como la matemática. En realidad, el estudio de los seres humanos nunca puede ser una "ciencia exacta" en el mismo sentido como la matemática. Los humanos tenemos pensamientos, emociones, deseos, que no se pueden observar ni cuantificar con los métodos de la matemática, de la física o de la química. Tenemos la capacidad de hacer decisiones, y por tanto nuestro comportamiento no puede ser completamente predecible. Los intentos de convertir las humanidades en "ciencias exactas", despersonalizan al hombre. Recordemos que la matemática siempre es producto de una personalidad (sea que hablemos de la mente de Dios o de la mente humana); pero una personalidad no puede ser objeto o producto de la matemática.

Está bien que se apliquen modelos matemáticos a los vientos y las temperaturas ambientales, para poder predecir mejor el tiempo. Pero no está bien que se apliquen modelos matemáticos al comportamiento de la sociedad humana, con la intención de poder controlar y manipularla mejor. Además de llevar la matemática a un campo donde no tiene que ver, esta clase de "ingeniería social" es anti-ética, porque atenta contra la libertad y dignidad de la persona humana.

Hemos visto muchas correlaciones entre las leyes de Dios y la matemática; pero recordemos que las leyes de Dios son mucho más amplias que la matemática. Sus leyes para la vida y para nosotros como humanos no son matemática. Se pueden encontrar ciertas analogías entre ambas (como hemos visto en la *Parte I*), pero no son más que eso: analogías y parábolas. La matemática expresa el orden del universo de los objetos inanimados; pero la vida es una categoría más allá de eso y se rige por otras leyes.

Anexo: Bibliografía

Notas:

- Puesto que este libro no pretende ser una obra estrictamente científica, el texto no contiene referencias completas a la bibliografía consultada y enumerada en este Anexo. Se colocaron referencias solamente donde se trata de citas textuales, o de puntos que pueden ser controvertidos, y por tanto requieren la sustentación por una fuente. Muchas obras enumeradas a continuación fueron consultadas solamente para obtener unas ideas generales acerca de su tema, sin que se las haya citado textualmente.

- El hecho de que una obra determinada aparezca en esta bibliografía, no implica necesariamente una recomendación de la obra o de su autor.

Citas bíblicas usadas:

Antiguo Testamento: Según la versión Reina-Valera, Revisión de 1909; algunas citas adaptadas o modernizadas.

Nuevo Testamento: Traducción propia según el texto original griego.

Pedagogía y Psicología (Parte 2):

Raymond y Dorothy MOORE, "*Mejor tarde que temprano*", Miami 1995 / Camas, WA 1975

FUNDACIÓN MOORE, Manual para familias educadoras (Obra sin publicar)

Jean PIAGET, "*Seis estudios de psicología*", Barcelona 1967

Bruce THOMPSON, "*The Divine Plumbline*" (La plomada divina)

Rebeca WILD, "*Educar para ser – Vivencias de una escuela activa*", Barcelona 1999

Filosofía de la matemática (Parte 3):

Edwin A. ABBOT, *"Flatland"* ("País plano"), 1884

Brendan KNEALE, "God and Mathematical Infinity" (Dios y la infinidad matemática), artículo publicado en internet: https://www.asa3.org/ASA/PSCF/1998/PSCF3-98Kneale.html

Paul LOCKHART, "*A Mathematician's Lament*" (Lamento de un matemático), artículo publicado en internet: https://www.maa.org/external_archive/devlin/LockhartsLament.pdf. - Una traducción al español fue publicada en: http://es.scribd.com/doc/47237369/Lamento-de-un-matematico-por-Paul-Lockhart

Saburo MATSUMOTO, "*Call for a Non-Euclidean, Post-Cantorian Theology*" (Llamado a una teología no-euclidiana, pos-cantoriana), artículo publicado en internet: acmsonline.org *(Dirección obsoleta)*

James NICKEL, "*The Incarnation and Modern Science*" (La encarnación y la ciencia moderna), 2001. Artículo publicado en internet: biblicalchristianworldview.net

Vern S. POYTHRESS, "*A Biblical View of Mathematics*" (Una perspectiva bíblica acerca de la matemática), Vallecito 1976 – Publicado en internet: Frame-Poythress.org

Vern S. POYTHRESS, "*Logic – A God-Centered Approach to the Foundation of Western Thought*" (Lógica – Un acercamiento al fundamento del pensamiento occidental, centrado en Dios), 2013

Sundar SARUKKAI, "*Revisiting the 'unreasonable effectiveness' of mathematics'* " (Reevaluando la 'eficacia irrazonable' de la matemática), Revista "Current Science", Febrero de 2005 – Publicado en internet: http://www.math.cornell.edu/~noonan/writing/415.pdf

Eugene WIGNER, "*The Unreasonable Effectiveness of Mathematics in the Natural Sciences*" (La eficacia irrazonable de la matemática en las ciencias naturales), Nueva York, Revista "Communications in Pure and Applied Mathematics", Febrero de 1960. - Publicado en internet: http://www.maths.ed.ac.uk/~v1ranick/papers/wigner.pdf

Historia de la matemática; Información biográfica (Capítulo 17 y otros):

Charles BABBAGE, "*Ninth Bridgewater Treatise*" (Noveno tratado de Bridgewater), Londres 1837

Florian CAJORI, "*A History of Mathematics*" (Una historia de la matemática), Londres 1909

Joseph W. DAUBEN, "*Georg Cantor and the battle for transfinite set theory*" (Georg Cantor y la lucha por la teoría de conjuntos transfinitos), City University of New York, artículo publicado en internet: acmsonline.org *(Dirección obsoleta)*

René DESCARTES, "*Discurso del método*", 1637

E.B. ELLOIT, "*A review of Sir Isaac Newton's Commentary Observations on Daniel and the Apocalypse of St.John*" (Una reseña del comentario y observaciones por Sir Isaac Newton acerca de Daniel y el Apocalipsis de San Juan), Horae Apocalypticae Vol IV, publicado en internet: historicist.com

Leonhard EULER, "*Letters to a German Princess*" (Cartas a una princesa alemana), 1768-1772, Traducción inglesa por David Brewster, Edimburgo 1823

Introducción biográfica en: Leonhard EULER, *"Vollständige Anleitung zur Algebra"* (Instrucción completa del álgebra), sin fecha.

Karl FINK, *"A brief history of mathematics"* (Una breve historia de la matemática), Chicago 1900

Alfred GIERER, *"Gödel meets Carnap: A prototypical discourse on science and religion"* (Gödel se encuentra con Carnap: Un discurso prototípico sobre ciencia y religión), Tübingen 1997, artículo publicado en Internet: www.blackwell-synergy.com

George GILDER, *"Knowledge and Power: The Information Theory of Capitalism and How it is Revolutionizing our World"* (Conocimiento y poder: La teoría de información del capitalismo, y cómo esta revolucionando nuestro mundo), 2013.

Dan GRAVES, *"Kurt Godel Proved Truth Higher than Logic"* (Kurt Gödel demostró que la verdad es superior a la lógica), Artículo publicado en internet: christianity.com

Johannes KEPLER, *"Harmonice Mundi"* (Armonías del mundo), 1618, traducción inglesa por Charles Glenn Wallis, Annapolis 1939

James Clerk MAXWELL, *"Address to the Mathematical and Physical Sections of the British Association"* (Presentación ante las Secciones de Matemática y Física de la Asociación Británica), Liverpool, 15 de septiembre de 1870

Dale L. McINTYRE, *"The Heavens and the Scriptures in the Eyes of Johannes Kepler"* (Los cielos y las Escrituras en los ojos de Johannes Kepler), Grove City College, artículo publicado en internet: acmsonline.org *(Dirección obsoleta)*

John NAPIER, *"Mirifici Logarithmorum Canonis Constructio"* (Construcción del maravilloso canon de los logaritmos), 1619, Traducción inglesa por Ian Bruce.

Isaac NEWTON, *"Philosophiae Naturalis Principia Mathematica"* (Principios matemáticos de la filosofía natural), 1686

Blaise PASCAL, *"Del espíritu geométrico"*, 1657-1658

Blaise PASCAL, *"Pensées"* (Pensamientos), 1670

Héctor ROSARIO, *"Kurt Gödel's Mathematical and Scientific Perspective of the Divine: A Rational Theology"* (La perspectiva matemática y científica de Kurt Gödel acerca de lo divino: Una teología racional), Nueva York 2007, artículo publicado en internet: metanexus.net

W. W. ROUSE BALL, *"A short account of the history of mathematics"* (Un breve relato de la historia de la matemática), Nueva York 1908

Universidad de St.Andrews, *"Leonhard Euler"* (Biografía), 1998 (http://www-history.mcs.st-andrews.ac.uk/Biographies/Euler.html)

Hao WANG, "*On 'computabilism' and physicalism: Some Problems*", en "*Nature's Imagination*", 1995, editado por J. Cornwall.

Artículos en WIKIPEDIA.org acerca de diversos matemáticos, sus descubrimientos, biografía, y citas.

Diversos:

Walt BROWN, "*In the Beginning*" (En el principio), 2008, publicado en internet: creationscience.com

Miguel CABELLO DE BALBOA, "*Historia del Perú bajo la dominación de los Incas*", Siglo 16

EUCLIDES, "*Los elementos*"

S. W. HONG y otros, "*Safety Investigation of Noah's Ark in a Seaway*" (Investigación de la seguridad del arca de Noé en una simulación de alta mar), 1994

Arimasa KUBO, "*Science Comes Closer to the Bible: On the History of the Earth*" (La ciencia se acerca más a la Biblia: Acerca de la historia de la Tierra), sin fecha

Francis SCHAEFFER, "*How should we then live?*" (¿Cómo podemos entonces vivir?), traducción alemana de 1977

Peter W. SCHEELE, "*Degeneration*", 2006

www.ingramcontent.com/pod-product-compliance
Lightning Source LLC
Chambersburg PA
CBHW052320220526
45472CB00001B/196